江西科技师范大学出版基金资助

U0229503

赣江水利工程
对鱼类生态的影响及对策

GANJIANG SHUILI GONGCHONG
DUI YULEI SHENGTAI DE YINGXIANG JI DUICE

邹淑珍　陶表红　吴志强 / 著

西南交通大学出版社
·成都·

内 容 提 要

水利工程对水生生物尤其是对鱼类的影响，是世界环境科学和生态学领域十分关注的课题。本书以赣江中游鱼类资源及水生态环境现状为基础，围绕赣江已建和在建的三座水利枢纽工程对鱼类及其生态环境的影响进行系统分析和预测，通过建立水库生态优化调度模型，探讨了赣江中游水利枢纽群生态优化调度问题，并针对性地提出一些建议措施，以弥补或减缓工程对鱼类带来的负面影响。本书可为保护和合理利用赣江乃至鄱阳湖水系鱼类资源提供重要的理论和实践依据，为赣江水生态环境的保护及水资源的合理开发利用提供参考。

图书在版编目（CIP）数据

赣江水利工程对鱼类生态的影响及对策 / 邹淑珍，陶表红，吴志强著. —成都：西南交通大学出版社，2015.1
　ISBN 978-7-5643-3500-7

Ⅰ.①赣… Ⅱ.①邹… ②陶… ③吴… Ⅲ.①赣江－水利工程－影响－鱼类－水环境－生态环境－研究 Ⅳ.①TV882.856②X503.225

中国版本图书馆 CIP 数据核字（2014）第 244531 号

赣江水利工程对鱼类生态的影响及对策

邹淑珍　陶表红　吴志强　著

＊

责任编辑　黄淑文
封面设计　墨创文化
西南交通大学出版社出版发行
四川省成都市金牛区交大路 146 号　邮政编码：610031
发行部电话：028-87600564
http://www.xnjdcbs.com
西南交通大学印刷厂印刷

＊

成品尺寸：148 mm×210 mm　印张：7.25
字数：203 千字
2015 年 1 月第 1 版　　2015 年 1 月第 1 次印刷
ISBN 978-7-5643-3500-7
定价：32.00 元

目　录

第1章　国内外水利工程对河流生态环境的影响研究综述

随着社会经济的发展，水资源开发利用的强度越来越大，速度越来越快。据世界大坝委员会的统计资料显示，2003年全世界已经修建49 697座大坝（高于15 m或库容大于100万 m^3），分布在140多个国家，中国建有25 800座大坝，为各国之首，其中15 m以上大坝占世界一半，30 m以上大坝占世界37%，水电装机约占世界的11%[1]。发达国家水电的平均开发度已在60%以上，其中美国水电资源已开发约82%，日本约84%，加拿大约65%，德国约73%，法国、挪威、瑞士也均在80%以上。2002年我国水电发电量为280 kW·h，与世界各国相比，中国的水电总装机已居世界第一，年水电总发电量居第四，总库容居第三位[2]。中国至2008年水库数量已居世界首位，据普查，全国已有水库87 085座（不含港、澳、台地区），其中，大型水库510座［大（1）型81座，大（2）型429座］，中型水库3 260座，小型水库83 315座［小（1）型16 672座，小（2）型66 643座][3]。

水利枢纽工程是国民经济的基础设施，在流域上某一河段修建能控制一定流域面积的水利枢纽工程，可以提高上游水位，增加蓄水量，解决水资源时空分布的矛盾，起到防洪、发电、灌溉、供水、养殖、航运、旅游等目的[4]，具有显著的社会经济效益，但如果深入研究，会发现其对社会、生态环境的潜在影响[3-7]。当前我国长江、黄河等主要河流的梯级水库以惊人速度进行，部分河流缺乏有效管理而引起河流断流、水污染严重等后果，严重影响河流生态系统的结构和功能[8-13]。大型水利枢纽工程建设后，对河流径流的调节作用，改变了河流的径流量和其原有的季节分配及年内分配，河流下游的地貌、水文条件、水文特征的物理性质和化学性质也将随之改变，诸如输沙量、营养物质、水力学特征、水质、温度、水体的自净能力等[14-18]。这些变化将直接或间接影响流域重要生物的栖息和生态习性，改变生物群落的结构、组成、分布特征和生产力[19-22]。秦卫华等对拟建小南海水利工程对长江上游珍稀特有鱼类国家级自然保护区的生态影响的预测分析结果表明，保护区 72.5 km 江段的水文情势发生改变，部分江段的结构和功能将遭受严重破坏，胭脂鱼（*Myxocyprinus asiaticus*）、圆口铜鱼（*Coreius guichenoti*）、长薄鳅（*Leptobotia elongata*）等珍稀特有鱼类的产卵场和主要栖息地将直接减少[23]。

Petts[24] 和 Berkamp G.[25] 将水利枢纽工程对河流生态系统的影响划分为三个层次（见图 1.1）：第一层次是大坝蓄水影响能量和物质流入下游河道及其有关的生态系统，对非生物环境产生影响，它是导致河流系统其他各要素变化的根本原因，主要是河流水文、水力、水质的变化。第二层次是局部条件变化引起生态系统结构和初级生物的

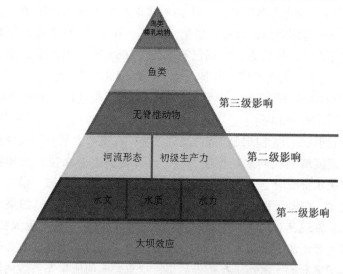

图 1.1　大坝对河流生态系统影响框图

Fig. 1.1　A framework for assessing the impacts of dams on river ecosystem

非生物变化与生物变化，主要是河道、洪泛区和三角洲地貌、浮游生物、附着的水生生物、水生大型植物、岸边植被的变化。第三层次是由于第一、二层变化的综合作用，使得生物种群发生了变化，它直接决定河流生态环境的健康程度，主要是无脊椎动物、鱼类、鸟类和哺乳动物的变化。

1.1　河流生态系统的特点

　　河流生态系统是由水生生物群落与非生物环境两大部分构成的。河流非生物环境由水文过程、能源、气候、基质和介质、物质代谢原料等因素组成，而水文因素包括水量、流速、径流量、洪水、枯水；能源包括太阳能、水能；气候包括光照、温度、降雨、风等；基质包括岩石、土壤及河床地质、地貌；介质包括水、空气；物质代谢原料包括参加物质循环的无机质（N、P、CO_2 等）和生物及非生物的有机化合物（蛋白质、脂肪、碳水化合物、腐殖质等）[26,27,28]。

　　鱼类、浮游动物、底栖动物、两栖动物和浮游植物、水生植物等构成了河流水生生态系统的生物群落。自然状态下，水生生态系统内各要素间相互联系、相互制约，保持着自身的生态平衡，并在一定条件下能够抵御外界的生态环境胁迫，保持自身的演替进程。生态环境各个要素中，水具有特殊的不可替代的重要意义，水既是生物群落生命的载体，又是能量流动和物质循环的介质，成为对水生态系统的结构组成和功能特征起决定性作用的生态因子。水的任何一种属性如流速、流量以及温度的改变，都可能对种群的组成和结构产生显著的影响，从而间接对水生生物资源产生影响[29]。

1.2　水利工程对河流生态系统中非生物环境的影响

　　水利工程对河流水文、水质、水力等非生物环境的影响具体反映在河道下泄流量减少、相应流量变化、淹没范围、历时和频率的变化；水库拦沙使得下泄泥沙含量减少，浑浊度降低；水库及下泄水体溶解氧含量、氮含量、pH 值、营养物等的改变。

1.2.1 对河流径流的影响

大坝的蓄水作用改变了河流原有的径流模式，对径流产生显著的径流调节作用，这种作用既是其能够发挥工程效益的根本保障，也是下游河流生态系统生态效应变化的根本诱因[28]。Wantzen 认为水位的波动从各个方面（例如水生生物栖息地、索饵场的获取和丧失，光照、气候和波浪的改变等）影响河流的生态过程和生态模式[30]。Leira 和 cantonati 认为湖泊（或江河）的水位变化（尤其是水位涨落程度、频率和持续时间）是控制它们生态系统功能的主要因子[31]。从大多数水坝的运行情况来看，大坝已经使坝址下游100 km 范围内的径流及泥沙流的运动规律发生了季节性的变化，有些重要的水利工程对下游的影响范围甚至达到了1 000 km，如埃及的阿斯旺水坝[26,32]。

对于每一次的洪水，水利工程都将不同程度的进行调蓄、削峰、错峰。邱成德等[33]对赣江支流桃江上游南径水文站建库前后作了次降雨径流关系分析，证明在次降雨径流关系中，如果对建库后的每次洪水不进行还原计算，就很容易看出水库的调蓄作用。如该流域平均降雨量为 212.3 mm，还原后产生 138.2 mm 的径流深，洪峰流量为 380 m³/s，由于水库的拦蓄和削峰作用，在未经过还原计算的情况下，次径流深为 30.3 mm，洪峰流量为 116 m³/s，拦蓄径流量 1.014×10⁴ m³，削峰达69.5%。通过对建库前后多年平均月径流量占多年平均径流量的百分比分析，研究还证明在较大流域中的大型水库，由于其为年调节，对天然河道的径流量在时间上起着重新分配的作用。

1.2.2 对河流泥沙特性的影响

水利工程的蓄水作用，使库区内流速大大小于天然河道流速，河流的冲刷能力大为削弱，水流挟沙能力减弱，大量泥沙在库区淤积，出库泥沙要比建库前天然河道泥沙少很多，使下游年平均含沙量变小，年输沙量减少，造成下游河段冲刷，河床下降。邱成德等[33]通过对章水坝上水文站建库前后多年平均含沙量和多年平均输沙量的统计分析证明，每建一座水库，坝上水文站含沙量就减少一次。由1984 年的建库前到 1999 年建成仙人陂电站后，坝上站多年平均含沙量由 0.195 kg/m³ 减至 0.074 kg/m³，多年平均输沙量从 125.8×10⁴ t 减少至 46.2×10⁴ t。

1.2.3 对水温及水质的影响

河流中原本流动的水在水库里停滞后，造成库区水温和有机物的明显分层现象[25]，表层内变化较大，随着水深的增加，变化趋势逐渐趋缓，至水库底层基本维持不变，常年处于低温低溶解氧状态，改变了天然河道的环境，同时影响河流中污染物的迁移、扩散和转化，从而导致纳污能力的降低，水质可能变差。最典型的表现就是水体富营养化问题，由于水库中的水体水流缓慢，工矿企业生产污水及城市生活污水（如使用磷洗涤剂所形成的日常生活中各种洗涤用水，农村灌溉排水中的化肥、农药）及雨后径流含有大量的含氮、磷有机物，将导致水生生物（主要是各种藻类）大量繁殖和水体中的溶解氧急剧降低，使水体中处于严重缺氧状态，造成鱼类大量死亡，出现腐臭的恶劣气味，致使水库水质严重恶化[4]。

1.2.4 对上游库区淤积和库岸的浸蚀

水利枢纽运行蓄水后，使得河流上游部分河段及相连的湖泊等水域的水位升高，坝体上下游水位落差变大。水库运行期也是库区及库岸、水位升高区的重新平衡的过程，造成库区淤积和库岸浸蚀。大量的研究表明，水库淤积形成的主要来源为从汇水流域进入水库的泥沙；由于库岸的改变、岛屿冲毁、库岸坡上不同的重力作用等产生的入库泥沙；由于水中悬移质沉降、淤积，成为库底沉积物，从而导致其重力固结、含水量减小、有机物质矿化。例如伏尔加河上的库伊贝舍夫水库，建库 5 年淤积占库底总面积的 22.5%，年后增加到

32.5%，鄂毕河上的新西伯利亚水库，建库 8 年淤积占库底总面积的
55.0%，14 年后增加到 69.6%[34]。

从水库蓄水开始，由于侵蚀作用和堆积作用，在新的水边线地带
开始了库岸形成的过程。大型水库的运行经验表明，库岸的形成正是
冲蚀和堆积直接作用的结果。在水库淤积和库岸形成的过程中，会造
成水土流失、生态环境变化、水质的变化等。

1.2.5 对下游河流形态的影响

水利枢纽对河流廊道有着显著的影响，影响的程度和范围依赖于
大坝的功能和坝体规模与河流流量间的关系。坝下流量的变化可以引
起下游生态效应。水电站的下泄流量随着用电的负荷变化而不同，这
对河流形态具有明显的影响，下泄流量变化率是影响下游河岸侵蚀的
重要因素，从而导致了岸边生境的丧失，大坝导致水库水体流速变
缓，甚至成为湖泊环境。对于供水水库，如果减少了河道内流量，会
导致河床形态、植物群落和生境的变化，河道内流量的增加同样会导
致河流廊道生态环境的改变[32,35]。

坝下游下泻的高速水流侵蚀下游的河岸和河床，使得靠近大坝下
游的河道逐渐变深变窄，河道逐渐萎缩，也使得下游由江心洲、沙
洲、河滩地和多重河流交织的蜿蜒型河流变成相对笔直的单一河流，
河床质沿河流也将发生变化。泥沙、营养物质、生境要素随水流在更
远的河道沉积，使得该段河道的河床逐渐升高。另外，大坝对沉积物
的拦蓄作用还会对三角洲及海岸线产生深远的影响。三角洲是由上千
年的河流沉积物积累，并在沉积物压实与海洋侵蚀的相互作用下形成
的，沉积物的减少会导致滨海地区严重侵蚀，而这种影响将从河口沿
海岸线延伸到很远的地方[35]。

1.3 水利工程对河流生态系统中初级生物的影响

由于水电站下泄流量随用电的负荷变化而不同，因此对河流形态

影响明显，而下泄流量变化率是影响河岸侵蚀的重要因素，从而导致了岸边生境的丧失；对于供水水库，如果减少了河道内流量，会导致河床形态、植物群落和生境的变化，河道内流量的增加同样会导致河流廊道生态环境的改变。

1.3.1　对浮游生物和水生附着生物的影响

（1）上游库区。浮游生物适宜于在静水或缓流水中生活，一般水库未修建时，山区河床坡降大，水流较急，浮游生物的种类和数量都比较少，种类组成多以硅藻和绿藻为主；水库的修建将使流速减缓，而且库区周围急雨冲刷下来的无机悬浮物和有机碎屑在库区沉积，带来无机和有机营养物，这样为浮游生物的生长创造了良好的条件，其数量会有所增多。水库蓄水后，淹没和浸没使大量生物受损失，新淹没区有机质开始分解，往往引起微生物种群爆发式的释放养分，从而增加了氮和磷的含量，大量丰富的氮和磷刺激浮游生物的迅速发展，可能会导致蓝绿藻倍增。水库形成的前期，对浮游动植物区系组成、生物量、初级生产力等都会产生一定影响[35]。

水生附着生物是指附着于任何淹没对象的藻类层，包括较大的植物。河流生态群落的附着生物通常为硅藻类。从一个激流环境转换到一个静水环境，将有利于某些水生附着生物物种，而破坏另一些的栖息地。在浅水靠近水库边缘光渗透强的地方，水生附着生物是最有可能激增。具体的物种组成，则取决于基质，大型水生植物的存在，水库水的温度、化学性质和大坝的运行[25]。

（2）下游河道。水库蓄水后能通过改变流态、水温、化学性质和浑浊度等条件改变大坝以下河流系统中浮游生物的组成部分，或使下游水体中浮游生物增殖。这些变化将不仅影响到总浮游生物，也影响浮游生物组合。静水浮游生物对下游河流的影响有三个因素[25]：水库水替换率（即保留时间）；静水浮游生物发展的季节性模式；以及水库外流水的性质特征。水库浮游生物产量动向往往与季节，水文条件，养分供应和水库运行有关。

大坝削弱了洪峰，调节了水温，降低了下游河水的稀释作用，使得浮游生物数量大为增加。水坝调蓄的特点，通过保持水库释放出来的种群和提高浮游生物生长的条件，使得调控河流内部浮游生物种群高于天然河流。例如，澳大利亚墨累河 Eildon 水库的流量调节，在回水、死水区和边缘的芦苇河床[24]内已使浮游生物的发展增加。此外，水坝往往通过适宜的温度，减少浊度和减少污水的稀释（从进入下游的支流等）提高浮游生物量[25]。

在静水河流，适宜的气候，维持较高的夏季排放，洪水规模和频率的降低，减少浊度及调控温度（如冬季温度提高），往往促进藻类生长；中速和稳定的流量，促进水生附着生物的生长，但流量调节对基底稳定性的影响可能是最重要的制约因素。由于流量调节，各种天然的流量条件消失，或在频率上减少，水中悬垂生物群落周期性的被中断，这使水生附着生物群落得以发展[24,25]。

1.3.2　大型水生植物的影响

大型水生植物指生理上依附于水环境，至少部分生殖周期发生在水中或水表面的植物类群。包括小型藻类以外所有水生植物类群，主要是维管植物。按照原生演替的规律，由沿岸带到水体中心依次为湿生植物、挺水植物、浮叶植物和沉水植物[35,36]。

（1）上游库区。对高等水生植物的直接影响主要是淹没，间接改变了水域的形态特性、土壤和水的营养性能、水位状况和原始种源，影响了高等水生植物的生存和生长[37]。

水库沿岸和亚沿岸区的水生植物有可能增加。河口附近快速堆积起来的三角洲，减少水库水深的同时支持水生植物生长，不过，水库的水位如果起伏较大，加上光照深度不够水生植物移植到这些地区可能会受到局限。但在富营养及平稳的的状态下，物种通过流动侵入成为可能。

浮游物种和水草侵食性特别强，当引入到新的栖息地（即所谓的"外来物种入侵"），例如水葫芦，水浮莲和水蕨，对水坝效率和灌溉系统构成了重大威胁。这些漂浮植物可以形成厚厚的垫子，完全覆盖水库表面。遮盖浮游生物，并通过增加有机质（当他们死亡和下沉），增加氧气的消耗，这影响到鱼类同时带来其它的生态和经济的负面影响[38]。

水生植物的增长可以成为一个优势，因为它们创造具生物多样性价值的如湿地一样的生态环境条件，支持渔业，并协助构建栖息地。不过，他们也可以提供疾病媒介生态环境，如携带血吸虫的蜗牛，蚊虫和为吸虫类的中间宿主[39]。

（2）下游河道。水深和透明度对高等植物的组成和空间格局是重要的控制因素。再加上水速和基底对冲蚀的敏感性，他们对植物分布占主导控制地位。因此，水利枢纽对水文因素的影响往往导致它们对水生植物的影响。与天然河道条件相比，大坝减少了洪水淹没和基质冲蚀，增加了富营养化细沙泥的沉积，坝下游河床稳定性慢慢增加，植物根系受冲刷的影响减少，植物从高排放受创轻，迁移率减少，渐趋稳定的河床使得大型水生植物能够生长繁殖。如赞比西河以前是不稳定的沙洲，自从建设卡里巴湖几年以来，流量调节使根系植物如铺地黍（*Panicum repens*）和芦苇（*Phragmites mauritanus*）快速发展[40]。

流量调节不仅降低了高流动频率和抑制河床物质运动，而且也诱导支流或污水提供的细沉积物的沉积。渠道淤积，特别是涉及营养丰富的淤泥，有利于大型水生植物生长繁殖，能显著改变植物的分布。如沉淀，往往与入侵和角果藻（*Zannichellia palustris*）的蔓延有关，它们发展时存储更多的沉积物[37]。

1.4　水利工程对鱼类的影响

鱼类是水生生态系统中营养级较高的类群，是重要的水生生物资源，兴建水利枢纽工程对水生生物的影响重点体现在对鱼类资源的影响上。鱼类的生存、繁衍所需的生态环境是在漫长的生物进化过程中形成的，生态环境的相对稳定，是保证鱼类种群和资源量稳定的前提[41]。已有研究表明[40]，大坝是近百年来造成全球9 000种可识别淡水鱼类近1/5遭受灭绝、受威胁或濒危的主要原因。

1.4.1　直接影响

水利工程建设的本身直接对河流产生了分割作用，大坝将天然的河道分成了以水库为中心的三部分[32]，即水库上游、水库库区和坝下游区，造成了生态景观的破碎，流域梯级开发活动更是把河流切割成一个个相互联系的水库。水利枢纽对鱼类的直接影响是：

（1）阻隔了洄游通道。大坝的分割作用改变了河流的水力学特性，形成了高位水头，造成了河道内水生生物栖息和迁移的障碍，减缓或者阻隔某些鱼类在上下游之间的迁徙，使洄游性鱼类不能顺利完成其生活周期，这对生活史过程中需要进行大范围迁移的种类往往是毁灭性的[42]。

（2）影响了物种交流。大坝阻隔了洄游性鱼类的洄游通道，对在局部水域内能完成生活史的种类，则可能影响不同水域群体之间的遗传交流，导致种群整体遗传多样性丧失[43,44]。

（3）对鱼类的伤害。幼鱼和某些鱼类经过溢洪道、水轮机等，因高压高速水流的冲击而受伤和死亡[45]。例如，美国的哥伦比亚河和斯内克河，每年汛期大坝泄洪，因含氮气过饱和造成幼鱼死亡。高坝溢流时，流水翻滚卷入大量空气，引起氮气过饱和，也不适合鱼的生长，使鱼患气泡病而死。美国哥伦比亚河的一条支流蛇河，建成多处水坝，因泄流时水翻腾，使水里的溶解氮饱和，对鱼造成危害，当鱼游到浅水区时，使鱼产生"气泡病"，结果使90%的洄游幼鲑死亡，大马哈鱼存活率从100%降至30%[46]。半洄游性鱼类通常在江河上游产卵，由于大坝拦截无法到达产卵地，不少逆流而上产卵的鱼类撞坝而亡[47,48]。

1.4.2　间接影响

水库形成后，水体的水文条件发生较大变化，从而改变了鱼类的栖息环境。不同的鱼类栖息环境不同，因此，库区的鱼类组成常发生明显的变化[49]。

（1）水温的变化。水库会带来坝下水温的变化，由于水库温越层以下滞水层的水温较低，含氧量较少，从这一水层下泄的水流会给坝下河流水环境带来影响[50]。一些深水水库，水体温度较低，放水过程会造成一些土著鱼类难以适应[51]。由于水生生物常以日长及日水温作为繁殖信号，故坝下水温的降低会影响鱼类产卵及无脊椎动物的生长周期。美国科罗拉多河流域自格伦峡坝修建后，90%以上的泥沙淤积在坝后的鲍威尔湖中，建坝前河水温度在0℃至30℃之间变化，建坝后水温基本保持在9℃左右，致3种本地鱼灭绝，还有60多个物种受到威胁。从整个流域看，水库大坝拦断了河流径流，减少了流量，拦截了泥沙，改变了水温，导致当地鱼类处于濒危灭绝状态[52,53]。我国丹江口水利枢纽兴建以后，由于坝下江段水温降低，使该江段鱼类繁殖季节推后20 d左右，当年出生幼鱼的生长速度减慢、个体难以长大，比较建坝前后冬季的数据，该江段草鱼当年幼鱼的体长和体重分别由建坝前的340 mm、780 g，下降至建坝后的297 mm、475 g[54]。长江"四大家鱼"繁殖期水温范围为18℃ ~ 27℃，水温低于18℃，则繁殖活动被迫终止。

（2）泥沙含量的变化。大坝的修建导致泥沙在水库中沉积，而吸附在泥沙颗粒表面的有机物也滞留在水库中，这些有机物在一些情况下是下游生物重要的营养物质。水库清水下泄导致河床再造，而河床、河岸带是重要的生物栖息地，没有充足泥沙来源，使得河床底部的无脊椎动物如昆虫、软体动物和贝壳类动物等失去了生存环境，河心洲中的物种和生境也随之消失[25]。如三峡工程建成后，就白鳍豚来说，由于水库蓄水后清水下泄河床冲刷，中下游栖息水域改变，白鳍豚的分布范围缩小155 km，出现意外死亡、事故的机率增多。

（3）水位的变化。大坝兴建后，库区水位抬高，并且由于洪水期水库的调蓄和泄洪，致使水位发生比较频繁的变动，变动幅度较大；在坝下江段，则由于水库的调节作用，水位、流速和流量的周年变化幅度降低，河道的自然水位变化趋小，水位变动较为稳定，沿岸带消落区的范围变小。水库的淹没和坝下自然水位变化趋小都直接导致河流沿岸带生态环境层次简化，有些对流水性鱼类比较关键的生境消失。

河流水位的急剧变化加速了下游河道的冲刷与侵蚀，交替地暴露和淹没鱼群在浅水中有利的休息场所，使鱼类产卵条件恶化，影响鱼群产卵，同时也将影响鱼类繁殖量或者推迟繁殖季节等。季节性洪峰流量由于水库的消峰作用及水库运行调度等因素而减弱或丧失，鱼类产卵、孵化和迁徙所需的激发因素中断。

（4）流速的变化。水库蓄水后水流减缓，使上游产漂流性卵的鱼类所产的卵没有足够的漂流距离，增加鱼类的早期死亡率；坝下江段洪水的人为调节又使波峰型产卵的鱼类所需要的繁殖生态条件不能满足。通常洄游鱼类的产卵和肥育与水量、流速有关，河流涨水时间持续长将促进洄游鱼类的性成熟和产卵数目的增加，三峡大坝自下闸蓄水以来，由于"变江为湖"，许多适合急流生长的鱼逐渐向上游迁移，进而改变了鱼类种群的结构，习性在急流或浅滩中产卵的鱼类减少，并伴随小型化、幼龄化趋势[36]。另外，水库中激流的消失也会导致某些鱼类（如幼鲑鱼）迷失向下游迁徙的方向感，进而被其他动物猎食。

大部分鱼类喜在静水缓流、水体底质、浅水湖或河湾、浅水草丛中产卵繁殖。例如：鲫在浅水湖或河湾的水草丛生地带分批产卵，泥鳅产卵在水深不足 30 cm 的浅水草丛中，产出的卵粒黏附在水草或被水淹没的旱草上面。但是，在水库开闸泄水时，大量急速下泄的水流会以较强的冲击力冲刷下游河段，在尾水段与自然减水河段汇合处形成激流，强大的冲击力将影响甚至破坏鱼卵的附着和孵化，不利于鱼类的繁殖。

（5）水质的变化。水库形成的头几年，对浮游植物区系组成、生物量、初级生产力等都产生影响[35]，常因藻类的大量繁殖而加重水库的富营养化，影响水库的水质。藻类爆发性增殖时会消耗水体中的大量营养物质，并造成水体缺氧，从而间接影响其它的水生生物，尤其是还可能会堵塞鱼鳃，造成鱼类窒息死亡。

综上所述，大坝减缓了水生生物迁徙过程，进而影响了河流廊道的食物链功能，还影响了水生生物的产卵场，干扰了水生生物的生长发育过程，最终导致生物多样性减少。就鱼类而言，以上各类因素的叠加作用，会导致在水利工程修建一定的时期后，很多原有的、适应流水环境的鱼类种群逐步消失，鱼类种类结构发生根本性的变化。

1.4.3　三峡工程对鱼类及其生态环境的影响

作为世界上最大的水电站工程，三峡工程的修建受到国内外学者的深切关注。自 20 世纪 50 年代以来，国内学者相继开始了水文情势变化、水库淤积、河道冲刷、库岸稳定与诱发地震、水库淹没与移民、卫生防疫、库区清理、文物古迹、水生生物及水质预测和环境容量计算等调查研究[55-57]。

三峡水利工程位于长江干流西陵峡内，坝址在湖北宜昌三斗坪，在葛洲坝工程大坝上游约 40 km 处，按"一级开发，一次建成，分期蓄水，连续移民的方案"，坝顶高程 185 m，后期蓄水位 175 m[58]。三峡工程是治理和开发长江的关键性骨干工程，具有防洪、发电、航运等巨大的综合效益[59]，是一项影响深远的水利水电工程，同时，该工程也对生态环境带来了诸多负面影响[60-69]。研究发现，三峡工程的建设对库区生态环境的影响，不仅表现为对库区陆生及水生生物多样性、局地气候、土地利用变化及水文泥沙等的直接影响，而且还间接地对水土流失、生态承载力及水质等产生影响。负面影响主要包括：陆生生态系统、鱼类资源、库区生态承载力、支流水质等都出现了一定程度的衰退、减少和恶化[70]。

由于三峡水库的蓄水，库区水域形成了类似于深水湖泊的湖库生境，浮游动植物及底栖动物数量和种类大量增加，而对于鱼类则表现为明显减少后缓慢增长的趋势。以湖北库区干支流为例，目前三峡库区湖北段干支流蓄水前共鉴定藻类 7 门 66 属 79 种，硅藻、绿藻、蓝藻分别占 34.6%，38.5% 和 103%，其余藻类合计 16.6%；蓄水后，藻类总类数增至 151 种，硅藻、绿藻、蓝藻所占比例依次为 23.8%，55.0% 和 9.9%，其余藻类合计 11.3%。干流和支流（香溪河库湾）分别增加了 72 种和 60 种，其中绿藻门的物种数增加最多，干支流分别增加了 43 种和 48 种。库区水生态系统中的藻类种群结构产生了影响，藻类密度和生物量明显增加，尤其是对支流的影响[65]。

三峡库区支流众多，由于工业生产废水和生活污水未经处理（或处理不达标）而直接排放，导致部分次级河流水质严重恶化，不能满足其功能区要求。三峡水库区建成蓄水后，水体流速变缓，在支流部分河段形成大面积的静水区域，导致出现富营养化。自 2003 年蓄水后，库区水华现象逐年增多，而且发生时间逐年提前。工程蓄水，流速变缓，库区正由河流转换为湖库，水中氮磷含量有所提高，从而造成了支流、库湾回水区的富营养化和水华发生频率的上升[71-76]。

曹文宣早在 1983 年就提到"长江三峡大坝兴建后，由于蓄洪能力强，将使坝下的荆江河段可能不呈现明显的涨水，从而影响到这一江段众多的家鱼产卵场的存在"[77]。三峡工程运用后，水库大量淤积，下泄泥沙大幅度减少，特别是水库运用初期 20 年，宜昌至城陵矶江段粗颗粒泥沙（大于 0.05mm）减少了 70% ~55%，对四大家鱼生态环境有一定影响[78]。同时三峡工程运用后，由于长江中下游江段将发生长时段长距离的冲刷，加上各江段的地形地貌环境不同，河床冲淤变化各有差异，相应各产卵场的生态环境、家鱼产卵条件等均受到不同程度的影响[79,80]。肖建红等[81]研究称，修建三峡工程已经对约 40 种鱼类等水生生物产生不利影响，对白鳍豚（*Lipotes vexillifer*）、白鲟（*Psephurus gladius*）、达氏鲟（*Acipenser dabryanus*）、胭脂鱼（*Myxocyprinus asiaticus*）、中华鲟（*Acipenser sinensis*）等珍稀濒危动物物种以及部分珍稀特有植物物种影响较大。王儒述[82]在《三峡工程的环境影响及其对策》一文中提到：工程影响较大的问题包括对中华鲟、白鳍豚等珍稀物种的影响；长江葛洲坝与三峡大坝的建造，影响了 30 多种经济鱼类的洄游路线，特别是中华鲟，由于产卵群体不能上溯产卵，只有成熟较好的极少数亲鱼被迫在坝下产卵，使其自然繁殖的中华鲟资源量较建坝前减少 97%。目前，长江中的中华鲟自然资源已濒临灭绝，被国家列为一级保护动物[83]。班璇，李大美对比分析了三峡水库蓄水后所引起的葛洲坝下游中华鲟产卵场水位、流量、含沙量、河床底质等一系列水文要素特征的变化，结合中华鲟 2000 年～2006 年间的产卵状况分析了三峡水库蓄水引起的产卵场水文条件的改变对其资源量的影响，其结论为蓄水后，中华鲟产卵期有明显的推迟现象，卵的受精率也明显降低[84]。三峡工程的修建，对于库区鱼类的影响很大，由于没有鱼道，许多洄游性鱼类从数量上发生了重大变化[85]。对于三峡库区，20 世纪 80 年代库区共有鱼类 196 种（以此数作为鱼类常年值），但是工程蓄水以后，库区形成的新深水湖库，对于鱼类的栖息产生了重大影响，库区鱼类明显下。研究表明工程建设期间，库区鱼类维持着较低的水平，2003 年蓄水最低仅为 63 种。从鱼类的种类上分析，2003 年以前，鱼的种类波动较不稳定，没有明显的规律性。2003 年至今总体上呈增加趋势。但与鱼类常年值（196 种）比较，仍明显低于常年值[86]。

第2章 赣江流域水资源及鱼类资源现状

2.1 赣江及其水资源概况

2.1.1 地理位置（见图2.1）

赣江是长江流域鄱阳湖水系的第一大河流，位于长江中下游南岸，地理位置为东经113°30′~116°40′、北纬24°29′~29°11′之间。流域东部与抚河分界，东南部以武夷山脉与福建省分界，南部连广东省，西部接湖南省，西北部与修河支流潦河分界，北部通鄱阳湖在湖口连长江。流域东西窄、南北长，略似斜长方形。赣江干流纵坡平缓，流域内盆地发育，人口和耕地较多。赣江流域上游与各主要支流之间多山，山间与河侧盆地发育。流域北有九岭山，南有大庾山、九连山，东有广昌、乐安、南丰山地，东南有武夷山，西有罗霄山脉、诸广山。流域边缘及南部多为山地，一般高程为海拔400 m左右，主峰约在1 000 m以上；中部为丘陵与盆地相间，较大的盆地有吉泰盆地；北部以冲积平原为主，为赣抚平原[87-89]。

2.1.2 地质地貌

赣江流域呈现山地丘陵为主体的地貌格局，山地丘陵占流域面积的64.7%（其中山地占43.9%，丘陵20.8%），低丘（海拔200 m以下）岗地占31.5%，平原、水域等仅占3.9%。赣江流域西部为罗霄山脉，构成赣江水系与湘江水系的分水岭，由一系列北东向山脉构成，自北向南依次有九岭山、武功山、万洋山、诸广山等，海拔多在1 000 m以上；南端地处南岭东段，主要山地有大庾岭和九连山，大致走向东西，构成赣江水系与珠江水系的分水岭；东端也主要由若干北北东向山地构成，其南端为武夷山，系赣江水系与闽江水系的分水

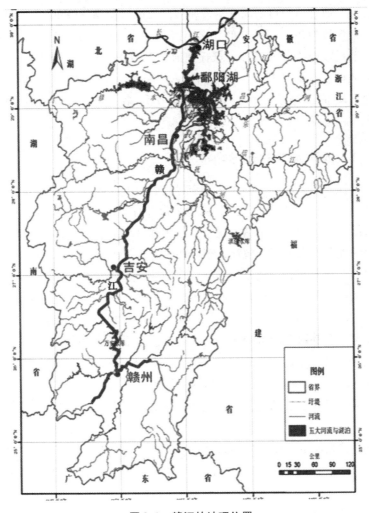

图 2.1　赣江的地理位置

Fig. 2.1　The geographical position ofGan River

岭；北端为雩山，系赣江水系与抚河水系的分水岭；流域南部为花岗
岩低山丘陵区，并在其间夹有若干规模较小的红岩丘陵盆地，中部为
吉泰红岩丘陵盆地区，北部则为赣江下游，是一个以山地、丘陵为主
体兼有低丘岗地和少量平原的地貌组合类型[87-90]。

这种地貌格局自南向北沿着赣江的流向呈阶梯状分布，流域上游区山地丘陵面积占83%，低丘岗地占15.6%，平原仅占1.5%；中游区山地丘陵面积占56.7%，低丘岗地占38.1%，平原占5.2%；下游区山地丘陵面积占37%，低丘岗地占55.9%，平原占7%。很明显，山地丘陵依次减少，低丘岗地则渐次增多，河谷平原面积相应扩大[90,91]。

2.1.3　河流水系与河道特征

赣江发源于江西、福建两省交界处的石城县境内石寮岽，自东向西流经瑞金、会昌县境，在会昌县城附近有支流湘水汇入后称贡水，至会昌县洛口镇于左岸纳入濂水，至于都县城上游约2 km汇入梅江，至赣县先后汇入平江、桃江，至赣州市章水汇入后始称赣江；河流出赣州后，折向北流，经万安县城，于罗塘附近纳入遂川江、至泰和县栖龙乡汇入蜀水，经泰和县城，于吉安县值下乡汇入孤江；吉安市上游约5 km加入禾水后，再经吉安市区，在吉水县城上游接纳乌江，至樟树市上游约4 km汇入袁河，过丰城市至南昌县市汊加入锦河后，流经南昌市，然后分主（西）、北、中、南四支注入鄱阳湖，其中主支在永修县吴城镇与修水汇合后注入鄱阳湖[88,91]。

赣江流域水系发达，支流众多，集雨面积100～1 000 km²的河流有209条，1 000～3 000 km²有11条，3 000 km²以上的有11条。赣江干流自赣州而下至南昌外洲水文站，沿江两岸有集水面积大于1 000 km²的遂川江、蜀水、孤江、禾水、乌江、袁河、锦江和肖江等8条大支流汇入。赣江主河道全长823 km，以赣州、新干为界，赣江分为上游、中游和下游三段，其中上游长312 km，中游303 km，下游208 km。流域面积82 809 km²，约占全省总面积的50%[87,88]。

赣州以上为上游，贡水为主河道，习惯上称为东源，流域面积27 095 km²，河长312 km，平均比降0.22‰～0.52‰，多为山地。上游河段，河道多弯曲，水浅流急，流经变质岩区，山岭峻峭。赣江上游属山区性河流，多深涧溪流，落差较大，水力资源丰富。沿途注入主要支流有湘水、濂江、梅江、平江、桃江、章水等[87,88]。

赣江自赣州市至新干县为中游，河段长 303 km，比降 0.15‰ ~ 0.28‰，为山区和丘陵谷地，河宽 400 ~ 800 m，东岸有孤江、乌江，西岸有遂川江、蜀水及禾水。干流水流一般较为平缓，河床中多为粗、细沙及红砾石岩，部分穿切山丘间的河段则多急流险滩。赣州至万安的 90 km，多为山地，河道较窄，河宽一般为 400 ~ 500 m，因流经变质岩山区，河床深邃，水急滩险，以"十八险滩"著称，素为舟师所忌。自万安县县城以南 2 km 处建有大型水电站以来，险滩均被淹没，现已不复存在。万安以下河宽一般 600 ~ 900 m。出吉安后赣江穿流于低谷之间，江中偶有浅滩，其中有段河谷格外束狭，遂称"峡江"[87]。

赣江至新干以下称为下游。新干至吴城干流长 208 km，比降 0.06‰ ~ 0.10‰，河宽约 1 000 余米，东岸无较大支流汇入，西岸有袁河、锦江汇入。江水流经辽阔的冲积平原，地势平坦，河面宽阔，两岸傍河筑有堤防。南昌市以下进入尾闾地区，地势低洼，受本流域洪水及鄱阳湖高水位顶托的双重影响，经常发生洪涝灾害[87,92,93]。

2.1.4　气候状况

赣江流域地处南岭以北，长江以南，属亚热带湿润季风气候区，气候温和，雨量丰沛，四季分明，光照充足，春雨、梅雨明显，夏秋间晴热干燥，冬季阴冷，但霜冻期较短。赣江流域南北地跨 4 个纬度，干流天然落差达 937 m，导致南北气候出现差异，这些差异主要表现在以下几个方面。

（1）气温：根据 1959—2004 年气象部门的统计，南北年平均气温相差 3℃ 左右，流域平均气温 16.3℃ ~ 19.5℃，以于都 19.7℃ 最高，南高北低；相应 ≥10℃ 的积温，上游区 >6 000℃，中游区 >5 500℃，下游区 <5 500℃，同样无霜期南部比北部长。但由于南北地势不同，南部山地多，北部低丘岗地多，南北年平均最低气温和最高气温均差别不大[94,95]

（2）降水：受地理位置、地形和气候条件的影响，流域内降水分布很不均匀，大小相差悬殊，其分布特点是：山区多于河谷盆地，形成以罗霄山脉南端为中心，及九岭山脉为中心的两个高值区。以吉泰盆地和赣州为中心的低值区。全流域1956—2000年平均降水量在1 400～2000mm。西部山区年降水量普遍在1 700mm以上，河谷盆地均小于1 500mm。年平均降水量最大的站为处于九岭山脉的院前站，降水量达2 077mm，最小为处于赣州的长村站，降水量仅1 372mm。流域内年平均最大降水量与最小降水量比值为1.54倍[96-98]。

（3）蒸发：受气候变化影响，赣江流域水面蒸发量的地域分布总的趋势是山区小于丘陵，丘陵小于盆地、平原。全流域年降水量在800～1 200mm之间，以南昌为最大，其次为赣州，蒸发量均大于1 200mm。以罗霄山脉井冈山为中心低值区，蒸发量普遍小于800mm。流域最大站年蒸发量1 307mm，最小站年蒸发量707mm，其比值为1.85。蒸发量年内变化较大，夏季气温高，蒸发量大；冬季气温低，蒸发量小。全流域月最大蒸发量绝大多数出现在7月，其蒸发量占年蒸发量22%左右；月最小蒸发量出现在1月，其蒸发量占年蒸发量5.5%左右[96]。

2.1.5　流域水资源

赣江流域自然资源丰富，为农业生产提供了优越的自然条件。流域内外洲水文站以上流域面积80 948 km²，占全省土地面积的48.5%，耕地面积占全省耕地面积的一半，居住人口也占全省人口的一半。流域水能理论蕴藏量为364万kW，占鄱阳湖水系60%，可开发的水能资源为364万kW。流域内已建2.5万kW以上水电站4座（（即万安、江口、上犹江、白云山水电站），其中万安水利枢纽装机容量50万kW，是流域内最大的水利工程，4座电站总库容约40亿m³，总装机容量63.52万kW，年发电量19.4亿kW·h。其他大中小型水利工程数以千计，基本建成了蓄、引、提、排、挡相结合，防洪、排涝、灌溉、发电、航运、供水、水土保持兼顾，大中小型并举的一个比较完善的水利工程体系[92-97]。

2.2 赣江水利开发现状

2.2.1 流域已建水利工程情况

赣江干流已建有万安水利枢纽（见图 2.2），位于赣江中游上段，坝址在万安县城以上约 2 km 处，控制流域面积 36 900 km^2，是一座以发电为主兼顾防洪、航运、灌溉等综合利用工程。最终规模的水库正常蓄水位 98.11 m，初期运行水位为 94.11 m，总库容 22.14×10^8 m^3。赣江支流上建有大型水库 15 座，中型水库 102 座，控制流域面积 54 624 km^2，总库容 78.85×10^8 m^3，其中滞洪库容 24.63×10^8 m^3，水库多以灌溉或发电为主兼顾防洪等综合利用工程，总装机容量 767.5 MW，总灌溉面积 465.4 万亩。

赣江干流和支流两岸现有特等圩堤 2 座、10 万亩以上圩堤 7 座、5 万亩以上圩堤 10 座、1 万亩~5 万亩圩堤 47 座，此外沿江各城镇均建有堤防保护。

2.2.2 干流水利梯级开发规划项目概述

赣江干流规划中，赣州以下河段规划有万安、泰和、石虎塘、峡江、永太、龙头山 6 个梯级工程。其中万安水电站于 1993 年建成运行，泰和枢纽目前电力部门正在进行前期工作，石虎塘航电枢纽已于 2008 年底开工建设。峡江枢纽已于 2009 年 9 月开工建设。赣江下游至鄱阳湖之间尚有规划的永太、龙头山两个梯级工程。

已建成的万安水电站地处赣江中游上段，坝址在万安县城以上约 2 km，距赣州市 95 km，距峡江枢纽坝址上游约 160 km，该电站以发电为主，兼有防洪、航运、灌溉和养殖等效益。坝址以上流域面积 3.69×10^4 km^2，最终规模的水库正常蓄水位 100 m（目前运行水位为 96 m），总库容 22.14×10^8 m^3。万安水电站大坝为混凝土重力坝，最大坝高 51 m，未设置过鱼设施。

石虎塘航电枢纽已于 2008 年底开工建设。该枢纽坝址位于泰和

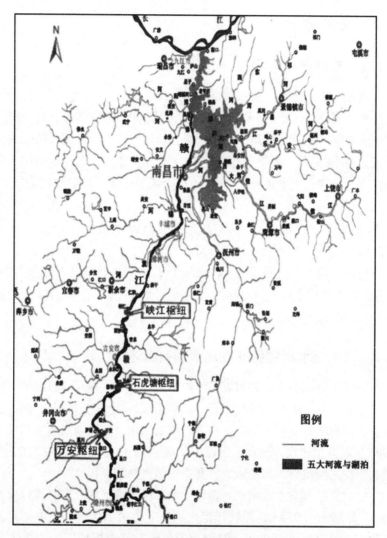

图 2.2　赣江干流水利枢纽位置图

Fig. 2. 2　The position of hydraulic project on Gan River

县城公路桥下游 26 km 的石虎塘村附近，距下游吉安市井冈山大桥33 km，在峡江枢纽坝址上游约 90 km，是一座以航运为主，兼顾发电、防洪等综合利用的航电枢纽工程。坝址控制流域面积 4. 38 ×

10^4 km^2，水库正常蓄水位 56.5 m，总库容 7.43 × 10^8 m^3；该航电枢纽工程为碾压土石坝，最大坝高 25 m，设置了鱼道。

峡江水利枢纽工程是原国家计划委员会批准的《江西省赣江流域规划报告》中赣江中游规划开发的万安、泰和、石虎塘、峡江四个枢纽中的最后一个梯级枢纽工程，坝址位于赣江中游下端的峡江县巴丘镇上游约 6 km，上距吉安市约 80 km，下距南昌市约 140 km，坝址控制集水面积 62 724 km^2，是一座具有防洪、发电、航运、灌溉等综合效益的枢纽工程。该工程已于 2009 年 9 月开工建设。工程设计建设规模为：水库正常蓄水位 46.0 m，死水位 44.0 m，防洪限制水位 45.0 m，防洪高水位 49.3 m，防洪库容 8.65 × 10^8 m^3，调节库容 2.14 × 10^8 m^3，水库总库容 14.53 × 10^8 m^3，设置了鱼道。

2.3 赣江鱼类资源状况

2.3.1 赣江鱼类资源研究现状

2.3.1.1 渔业概况

据田见龙 20 世纪 80 年代初步调查统计[94]，赣江流域有渔业队 250 多个，渔业人口 22 600 多人，占全省渔业人口 27%。大小船只 4 000 多只，占全省 28%。捕捞工具主要有三层刺网、丝网、撒网、浮网、大围网、捞子网和滚钩等 20 余种。

捕捞对象主要有青鱼（*Mylopharyngodon piceus*）、草鱼（*Ctenopharyngodon idellus*）、鲤（*Cyprinus carpio*）、鳜（*Siniperca chuatsi*）、鳊（*Parabramis pekinensis*）、鲂（*Megalobrama skolkovii*）、翘嘴鲌（*Erythroculter ilishaeformis*）、蒙古红鲌（*Erythroculter mongolicus*）、鳡（*Elopichthys bambusa*）、乌鳢（*Channa argus*）及黄颡鱼（*Pelteobagrus fulvidraco*）等，占总产量的 70% ~ 85%。其次是鲥鱼（*Macrura reevesi*）、赤眼鳟（*Squaliobarbus curriculus*）、银飘鱼（*Pseudolaubuca sinensis*）以及鳤（*Luciobrama macrocephalus*）等，亦有一定比重。赣江鱼

产量 20 世纪 50 年代为 3 500 t 多，到了 80 年代下降到 2 200 t 多。表 2.1 列出了峡江县的鲥鱼产量[98]，由表可知，产量下降的幅度比较明显，从 1982 年开始，年平均下降 46.2%。

表 2.1　1973—1986 年峡江鲥鱼产量
Tab. 2.1　Output of *Tenualosa reevesii* from 1973 to 1986

年份	1973	1974	1975	1979	1980	1981	1982	1983	1984	1985	1986
年产量（kg）	7 769.5	1 232.8	6 640	3 384	4 340	8 280	4 600	4 200	1 000	500	248

据文献记载[98,99]，赣江中游在万安以上有 4 处产卵场分别是赣州、望前滩、良口滩及万安，万安以下有 8 处，分别是百嘉下、泰和、沿溪渡、吉水、小港、峡江、新干和三湖，同时也都是青鱼、草鱼、鲢（*Hypophthalmichthys molitrix*）、鳙（*Aristichthys nobilis*）等鱼类的产卵场。12 处产卵场又以沿溪渡、吉水、小港及峡江为主，占产卵量的 3/4。峡江至新干一带是鲥鱼的产要产卵场所，该江段水深 3~4 m，深潭可达 10 m 余，河床为砂石底质。

2.3.1.2　鱼类区系

据报道[98-105]，江西有鱼类 220 种。赣江鱼类计 118 种和 5 个亚种（见表 2.2），隶属 11 目 22 科 74 属[97,98]。其中以鲤科鱼类为主，占总数的 58.5%，其次为鳅科 9.3%，鳅科 5.9%，鮨科 5.1%，鳀科、银鱼科、鮈科、塘鳢科、虾虎鱼科、斗鱼科和鳢科等各占 1.7%，其余 11 科共占 9.3%。

表 2.2　赣江鱼类名录
Tab. 2.2　The species list of fishes in Gan River

种　　类
一、鲟形目 ACIPENSERIFORMES
（一）鲟科 Acipenseridae
1. 中华鲟 *Acipenser sinensis*（Gray）

续表 2.2

种　　　类
二、鲱形目 CLUPEIFORMES
（二）鲱科 Cluoeidae
2. 鲥 *Macrura reevesi*（Richardson）
（三）鳀科 Engraulidae
3. 刀鲚 *Coilia ectenes*（Jordan et Seale）
4. 短颌鲚 *C. brachygnathus*（Krey. *et* Pap.）
三、鲑形目 SALMONIFORMES
（四）银鱼科 Salangidae
5. 大银鱼 *Protosaianx hyalocranius*（Abbott）
6. 短吻间银鱼 *Hemisalanx brachyostralis*（Fang）
四、鳗鲡目 ANGUILLIFORMES
（五）鳗鲡科 Anguillidae
7. 鳗鲡 *Anguilla japonica*（Temm. *et* Schl.）
五、鲤形目 CYPRINIFORMES
（六）鲤科 Cyprinidae
8. 马口鱼 *Opsariichthys bidens*（Günther）
9. 宽鳍鱲 *Zacco platypus*（Temminck et Schlegel）
10. 中华细鲫 *Aphyocypris chinensis*（Günther）
11. 青鱼 *Mylopharyngodon piceus*（Richardson）
12. 鳡 *Luciobrama* macrocephalus（Lacepede）
13. 草鱼 *Ctenopharyngodon idellus*（Cuvier *et* Valenciennes）
14. 洛氏鱼岁 *Phoxinus lagowskii*（Dybowski）
15. 赤眼鳟 *Squaliobarbus curriculus*（Richardson）
16. 鳤 *Ochetobius elongatus*（Kner）

续表 2.2

种　　　类
17.　鳡 *Elopichthys bambusa*（Richardson）
18.　银飘鱼 *Pseudolaubuca sinensis*（Bleeker）
19.　寡鳞银飘鱼 *P. engraulis*（Nichols）
20.　大眼华鳊 *Sinibrama macrops*（Günther）
21.　南方拟餐 *Pseudohemiculter dispar*（Peters）
22.　似鳊 *Toxabramis swinhonis*（Günther）
23.　鳘 *Hemiculter leucisculus*（Basilewsky）
24.　油鳘 *H. bleekeri bleekeri*（Warpacho wsky）
25.　红鳍鲌 *Cultrichthys erythropterus*（Basilewsky）
26.　青梢红鲌 *Erythroculter dabryi dabryi*（Bleeker）
27.　翘嘴鲌 *E. ilishaeformis*（Basilewsky）
28.　蒙古红鲌 *E. mongolicus*（Basilewsky）
29.　尖头红鲌 *E. oxycephalus*（Bleeker）
30.　拟尖头红鲌 *E. oxycephaloides*（Krey. et Popp.）
31.　鳊 *Parabramis pekinensis*（Basilewsky）
32.　鲂 *Megalobrama skolkovii*（Dybowsky）
33.　团头鲂 *M. amblycephala*（Yih）
34.　银鲴 *Xenocypris argentea*（Günther）
35.　黄尾鲴 *X. davidi*（Bleeker）
36.　细鳞斜颌鲴 *X. microlepis*（Bleeker）
37.　圆吻鲴 *Distoechodon tumirostris*（Peters）
38.　似鳊 *Pseudobrama simony*（Bleeker）
39.　高体鳑鲏 *Rhodeus ocellatus*（Kner）
40.　采石鳑鲏 *R. lighti*（Wu）

续表 2. 2

种　　　类
41. 大鳍鳊 *Acheilongnathus macropterus*（Bleeker）
42. 越南鳊 *A. tonkinensis*（Vaillant）
43. 兴凯鳊 *A. chankaensis*（Dybowsky）
44. 寡鳞鳊 *A. hypselonotus*（Bleeker）
45. 斑条鳊 *A. taenisnalis*（Günther）
46. 无须鳊 *A. gracilis*（Nichols）
47. 白河鳊 *A. peihoensis*（Fowler）
48. 革条副鳊 *Paracheilognathus himantagus*（Günther）
49. 刺鲃 *Spinibarbus hollandi*（Oshina）
50. 中华倒刺鲃 *S. sinensis*（Bleeker）
51. 光唇鱼 *Acrossocheilus fasciatus*（Steind.）
52. 白甲鱼 *Varicorhinus simus*（Sauvage *et* Dabry）
53. 泉水鱼 *Semilabeo prochilus*（Sauvage *et* Dabry）
54. 东方墨头鱼 *Garra orientalis*（Nichols）
55. 花鱼骨 *Hemibarbus maculates*（Bleeker）
56. 唇鱼骨 *H. labeo*（Pallas）
57. 华鳈 *Sarcocheilichthys sinensis*（Bleeker）
58. 黑鳍鳈 *S. nigripinnis*（Günther）
59. 麦穗鱼 *Pseudorasbora parva*（Temminck *et* Schlegel）
60. 银鉤 *Squalidus argentatus*（Sauvage *et* Dabry）
61. 点纹银鉤 *S. wolterstorffi*（Regan）
62. 铜鱼 *Coreius heterodon*（Bleeker）
63. 吻鉤 *Rhinogobio typus*（Bleeker）
64. 圆筒吻鉤 *R. cylindricus*（Günther）

续表2.2

种　　　类
65. 长鳍吻鮈 R. ventralis（Sauvage et Dabry）
66. 棒花鱼 Abbottina rivularis（Basilewsky）
67. 钝吻棒花鱼 A. obtusirostris（Wu et wang）
68. 蛇鮈 Saurogobio dabryi（Bleeker）
69. 长蛇鮈 S. dumerili（Bleeker）
70. 光唇蛇鮈 S. gymnxcheilus（Lo，Yao et Chen）
71. 鲤 Cyprinus carpio（Linnaeus）
72. 鲫 Carassius auratus（Linnaeus）
73. 南方长须鳅蛇 Gobiobotis longibarba meridionalsi（Chen et Tsao）
74. 宜昌鳅蛇 G. ichangensis（Fang）
75. 鳙 Aristichthys nobilis（Richardson）
76. 鲢 Hypophthalmichthys molitrix（C. et v.）
（七）鳅科 Cobitidae
77. 花斑副沙鳅 Parabotia fasciata（Dabry）
78. 长薄鳅 Leptobotia elongate（Bleeker）
79. 紫薄鳅 L. taeniops（Sauvage）
80. 中华花鳅 Cobitis sinensis（Sauvage）
81. 大斑花鳅 C. macrostimga（Dabry）
82. 泥鳅 Misgurnus anguillicaudatus（Cantor）
83. 大鳞副泥鳅 Paramisgurnus dabryanus（Sauvage）
六、鲇形目 SILURIFORMES
（八）鲇科 Siluridae
84. 鲇 Silurus asotus（Linnaeus）
85. 大口鲇 S. meridionalis（Chen）

续表 2.2

种　　　　类
（九）胡鲇科 Clariidae
86.　胡鲇 Clarias batrachus（Linnaeus）
（十）鲿科 Bagridae
87.　黄颡鱼 Pelteobagrus fulvidraco（Richardson）
88.　长须黄颡鱼 P. eupogon（Boulenger）
89.　瓦氏黄颡鱼 P. vachelli（Richardson）
90.　光泽黄颡鱼 P. nitidus（Sauvage et Dabry）
91.　长吻鮠 Leiocassis longirostris（Günther）
92.　粗吻鮠 L. crassilabris（Günther）
93.　条纹拟鲿 Pseudobagrus taeniatus（Günther）
94.　圆尾拟鲿 P. tenuis（Günther）
95.　乌苏拟鲿 P. ussuriensis（Dybowski）
96.　细体拟鲿 P. pratti（Günther）
97.　大鳍鳠 Mystus macropterus（Bleeker）
（十一）钝头鮠科 Amblycipitidae
98.　黑尾鱼央 Liobagrus nigricauda（Bleeker）
（十二）鮡科 Sisoridae
99.　中华纹胸鮡 Glyptohorax sinense（Regan）
七、鳉形目 CYPRNODONTIFORMES
（十三）青鳉科 Oryziatidae
100.　青鳉 Oryzias latipes（Temm. et Schl.）
八、颌针鱼目 BELONIFORMES
（十四）鱵科 Hemiramphidae
101.　九州鱵 Hemiramphus hurumeus（Jordan et Starks）

续表2.2

种　　　类
九、合鳃鱼 SYNBRANCHIFORMES
（十五）合鳃鱼科 Synbranchidae
102. 黄鳝 Monopterus albus（Zuiew）
十、鲈形目 PERCIFORMES
（十六）鮨科 Serranidae
103. 长身鳜 Coreosiniperca roulei（Wu）
104. 鳜 Siniperca chuatsi（Basilewsky）
105. 大眼鳜 S. kneri（Garman）
106. 斑鳜 S. scherzeri（Steindachner）
107. 暗鳜 S. obscura（Nichols）
108. 波纹鳜 S. Sundulata（Fang et Chong）
（十七）塘鳢科 Eleotridae
109. 沙塘鳢 Odontobutis obscurus（Temm. et Schl.）
110. 黄𩽌鱼 Hypseleotris swinhonis（Günther）
（十八）鰕虎鱼科 Gobiidae
111. 普栉鰕虎鱼 Ctenogobius giurinus（Rutter）
112. 波氏鰕虎鱼 C. cliffordpopei（Nichols）
（十九）斗鱼科 Belontiidae
113. 圆尾斗鱼 Macropodus chinensis（Bloch）
114. 叉尾斗鱼 M. opercularis（Linnaeus）
（二十）鳢科 Channidae
115. 乌鳢 Channa argus（Cantor）
116. 月鳢 C. asiatica（Linnaeus）
（二十一）刺鳅科 Mastacembelidae

续表 2.2

种　　　类
117. 刺鳅 Mastacembelus aculeatus（Basilewsky）
十一、鲀形目 TETRAODONTIFORMES
（二十二）鲀科 Tetraodontidae
118. 弓斑东方鲀 Fugu oceliatus（Linnaeus）

赣江鲤科鱼类中，以鮈亚科和鲌亚科最多，各占鲤科种类的 23.2%，其次是雅罗鱼亚科和鳡鲌亚科，各占 14.4%，鲃亚科占 8.7%，鲴亚科占 7.3%，鲤亚科、鳅鉈亚科和鲢亚科各占 2.9%。其中不少是我国江河平原区的特产鱼类。如青鱼、草鱼、鲢、鳙、鳡、鳊、鲂、红鳍原鲌（*Cultrichthys erythropterus*）、银鲴（*Xenocypris argentea*）、黄尾鲴（*Xenocypri davidi*）、细鳞斜颌鲴（*Xenocypri microlepis*）及银飘鱼等。它们在各个水域中已成为渔业的重要对象。

从主要生活水域和洄游习性来看，赣江鱼类大致可分四个类型[106-108]：

（1）咸淡水洄游性鱼类，如中华鲟（*Acipenser sinensis*）、白鲟（*Psephuyrus gladius*）、鲥鱼、刀鲚（*Coilia ectenes*）、鳗鲡（*Anguilla japonica*）等。

（2）江湖半洄游性鱼类，如青、草、鲢、鳙、鳡（*Ochetobius longates*）、鳤、鲴。

（3）湖泊定居性鱼类，如鲤，鲫（*Carassius auratus*）、鲂、乌鳢、鳊、鲇（*Silurus asotus*）、鳜、黄颡鱼。

（4）山溪定居鱼类，如胡子鲇（*Clarias fuscus*）、月鳢（*Channa Asiatica*）、中华纹胸鮡（*Glyptohorax sinense*）、平舟原缨口鳅（*Vanmanenia pingchowensis*）。

历史上赣江一直是鱼苗产区之一，文献记载[98,99]，赣江 12 处产卵场以沿溪渡、吉水、小港及峡江为代表，都是青鱼、草鱼、鲢、鳙、鳡鱼、鲤等重要经济鱼类的产卵场，占产卵量的 3/4。天然产卵场不仅为人工养殖提供了苗种，有利于鱼类增殖，更重要的是为保持物种、基因的多样性发挥了巨大的作用[106-116]。

2.3.2 赣江鱼类与鄱阳湖的关系

据报道[100,101,104,117-118]，鄱阳湖累计记录鱼类136种，隶属25科
78属。其中鲤科鱼类最多，有71种，占鱼类总种数的52.2%；其次
是鳅科，12种，占8.8%；鳅科9种，占5.9%；银鱼科和鮨科分别
有5种，各占3.7%；其他各科均在4种以下。在1980年前，鄱阳湖
已记录鱼类117种；1982—1990年，记录鱼类103种；1997—2000
年，记录鱼类101种。

按鱼类的栖息习性，鄱阳湖鱼类可以分为定居性、半洄游性、洄
游性和山溪性等四个生态类群。大多数种类属于湖泊定居性鱼类，它
们的繁殖、生长、发育过程都在湖泊中进行，如鲫、鲤、鲇、黄颡
鱼、乌鳢、红鳍原鲌等，这些鱼类是鄱阳湖渔业的重要基础。赤眼
鳟、鳡鱼、青、草、鲢、鳙等属于半洄游性鱼类，它们的亲鱼在江河
流水中产卵繁殖，卵顺水漂流发育，孵化后的仔鱼随着泛滥的洪水进
入沿江饵料生物丰富的湖泊中摄食生长，产卵后的多数亲鱼也进入湖
泊中摄食育肥，湖泊中成长的补充群体和肥育的亲鱼，在冬季水位下
降时，又回到长江干流深水处越冬，翌年上溯到产卵场进行繁殖，前
四种鱼类是我国淡水养殖的主要对象，在鄱阳湖渔业中有重要意义。
一些属于山溪性鱼类，如胡子鲇等，它们原本生活在赣江等鄱阳湖水
系上游的溪流中，后随流水入湖，经过长期适应而生存下来。

赣江作为鄱阳湖水系第一大河，全长788 km，流经赣州、万安、
泰和、吉安、吉水、峡江、樟树、丰城、南昌等处，至吴城纳入鄱阳
湖。由于赣江特殊的地理位置，使其鱼类资源与鄱阳湖鱼类的兴衰有
直接的联系。每年的4月至7月是赣江中四大家鱼的繁殖盛期。四大
家鱼产卵后，受精卵随水流向下游漂流，并逐步发育至仔稚鱼期。赣
江的汛期集中在6月~8月，在此期间，四大家鱼仔稚鱼及幼鱼随水
流进入鄱阳湖。鄱阳湖为其提供了丰富的饵料生物，是四大家鱼幼鱼
优良的肥育场所和庇幼场所。

历史上，江西赣江是我国长江鲥鱼最大的产卵场。根据 1973—1975 年对鲥鱼产卵场调查[119]，赣江鲥鱼产卵场分布在吉安以下，新干石口以上 90 km 的江段中，其中主要产卵场分布在峡江县城上下 30 km 的江段。每年的 4 月~5 月，鲥从长江进入鄱阳湖，之后再进入赣江，在赣江进行繁殖[120]。赣江中鲥繁殖期为 6 月初至 8 月底，繁殖后，鲥幼鱼顺江而下，流入鄱阳湖，在鄱阳湖南区觅食[121]。亲本产卵完之后，在赣江或鄱阳湖作短暂的停留或直接出湖进入长江返回大海。

赣江是鄱阳湖鱼类天然的产卵场，而鄱阳湖又为赣江鱼类提供了肥育的场所，从某种程度上赣江鱼类资源的状况可以间接地反应鄱阳湖鱼类资源的现状，所以赣江流域过度捕捞、江湖阻隔、兴建水利工程、围垦和水质污染会使得鄱阳湖江河型鱼类减少，溯河洄游型鱼类（如河鲀、鳗鲡等）消失，从而导致湖区鱼类物种减少。

2.3.3　赣江鱼类资源存在的问题

由于自然和人为因素致使赣江鱼类天然种质资源日趋衰退、生长速度减慢、性成熟个体变小、抗逆力下降。主要有以下原因[121-123]：

（1）万安水利枢纽阻断了洄游、半洄游性鱼类的通道，使得有些鱼类如鲥鱼等数量大为减少甚至绝迹。坝下水量减少，水位下降，藻类和水生植物的生长受到影响，鲢等以藻类和水生植物为食的鱼类，食料来源受限，下游一些鱼类失去了天然洪峰带来的产卵环境，达不到产卵的基本条件等。水域生态环境的这些变化，必将引起鱼类种群结构、数量、质量等的变化。

（2）长期以来，赣江天然渔业方式紊乱，非法渔具、渔法屡禁不止。渔民为追求高收入，往往盲目的加大捕捞强度，缩小网目，尤其是大规模的使用电捕鱼，无论鱼大鱼小，一网打尽。这种没有选择性的捕捞使得繁殖群体数量急剧减少、自然繁殖速度减缓，从而导致鱼类资源量显著下降。近年来很多渔民不得不放弃捕鱼上岸谋生，从另一方面也可以反映出鱼类资源的衰退。

（3）采砂作业不同程度地破坏了河流底质。沿着赣江两岸，非法乱采乱挖的采砂船随处可见，大量采砂将江底的底泥和水生植物吸走、清除，极大破坏了鱼类栖息、产卵环境和底栖生物的生存场所。以吉水产卵场为例，20 世纪 60 年代至 70 年代是很大的四大家鱼产卵场，但是大面积的采砂作业破坏了水底环境，卵粒粘附的基质被清除，鱼类从栖息环境到获取的饵料都遭到破坏。

（4）随着城市化的发展，工业污染造成的水质污染越来越严重，水生态环境的污染造成鱼类生长缓慢，鱼卵、鱼苗等未经孵化、长大已"畸形"发育。

（5）管护经费紧缺，管理手段落后。沿江有关渔政管理机构体制尚未理顺，长期缺少管理经费，加剧了管理手段的落后和管理难度。

第 3 章　万安水利枢纽对鱼类及其生态环境的影响

3.1　万安水利枢纽工程概况

3.1.1　流域概况

万安水利枢纽位于赣江中游,上距赣州市 92.5 km,下距万安县城 2.0 km,处于赣江赣州至万安峡谷河段的出口处(见图 3.1),坝址控制流域面积 36 900 km²,约占赣江总流域面积的 44.2%,入库多年平均径流量 229 亿 m³,约占赣江入湖水量的 43.5%,是赣江干流的控制性工程[122]。坝址以上是长达 90 km 的峡谷山区,赣州市紧临峡谷入口。支流贡江和章江在赣州市相汇,汇合口以下称赣江。贡江为赣江的主要支流,桃江和平江在信丰江口及其以上汇入坝址以下近区系低岗与小块平原相间的“吉泰盆地”,下距吉安市 97 km,距南昌市 320 km[127]。

万安坝址处为复式河槽,枯水期河床水面宽约 450 m,河床底高程一般为 65~67 m。主航道位于河床右侧,水深约 2 m。右岸为 I、II 级阶地,宽约 500 m,上部为黏土及砂砾石覆盖层,两岸山顶分别高出河床 120 m 及 70 m。坝基主要岩层为侏罗系浅变质石砂岩、粉砂岩夹砂质页岩。岩层走向 NE40°~70°,基本上与坝轴线平行,岩层倾向下游偏左岸,倾角 20°。河床中基岩埋藏较浅,风化不深。新鲜基岩物理力学性质良好,湿抗压强度 73.5~116.7 MPa。坝址小断层较多,河床中有 f160 及 f33 断层,规模稍大。坝区地震烈度经国家地震局鉴定,地震基本裂度为Ⅵ度[128]。

图 3.1　万安水利枢纽工程位置图

Fig. 3.1　The position of Wanan hydraulic project

3.1.2　工程性质及作用

作为赣江干流上兴建的第一个大型水利水电枢纽，万安水利枢纽总库容量达 22.16 亿 m³，为不完全年调节水库，该工程开发以发电为主，电站总装机容量 500 MW（初期装 400 MW），同时还担任赣江中下游防洪以及航运、灌溉、水库养殖等综合利用任务，是综合效益比较显著的大型水利水电枢纽工程[128]。

万安水电站于 1978 年 2 月批准复工兴建，工程于 1984 年 10 月一期围堰合龙，1990 年 11 月第一台机组发电，1992 年四台机组全部投产，1993 年水库下闸蓄水至 96 m，1994 年基本竣工，1996 年 1 月通过国家正式竣工验收，2003 年 3 月通过首次大坝安全定期检查，确定为正常坝。2005 年 11 月 5# 机组完成安装投入运行。

万安电站自 1990 年第 1 台机组投入运行至 1995 年底，累计发电 43.56 亿 kW·h。电站在系统中还发挥了调峰、调频和事故备用作用，成为担负赣北尖峰负荷的主要电源。大量的季节性电能又可补充赣南电量的不足，对改善全省电网的运行条件，促进工农业发展，发挥了较大的作用。除具有巨大的发电效益外，其综合利用效益还表现在以下几个方面[122,125]：

防洪方面，当下游遭遇 30～50 年一遇的洪水时，经水库调蓄，吉安最高洪水位可降低 0.4～1.3 m，丰城一带可降低 0.5～0.7 m，南昌地区可降低 0.2～0.3 m，减轻了赣抚平原依靠堤防保护的约 13.33 万 hm² 农田，吉泰盆地 1.33 万 hm² 农田和赣江两岸重要城镇的洪水威胁。

航运方面，淹没万安至赣州十八滩险，使库区 90 km 航道得到彻底改善。同时经水库调节后，枯水期可为下游增加航深 0.2 m。枢纽建有 50 吨级船闸 1 座。

灌溉方面，枢纽建有灌溉渠道，左右两岸计划引灌农田约 2 万 hm²，最低引水位 90 m，左岸引水涵洞过流量 4 m³/s，右岸引水涵洞过流量 15 m³/s，左岸已建成灌溉渠首及渠道，并可利用廉价电力发展提水灌溉，确保农业稳产高产[126,129]。

在水库养殖方面，万安水库平均面积为 10 000 hm²，可以发展渔业，按年平均产鱼 150 kg/hm² 估计，年产鱼量可达 1 500 t 以上[126]。

3.1.3　工程建设规模

万安水利枢纽工程以发电为主，同时具有防洪、航运、灌溉及养殖等综合效益，由江西万安水力发电厂统一管理，为径流式调节的大（一）型水库。枢纽为Ⅰ级工程，挡水建筑物按照千年一遇洪水（27 800 m³/s）设计，万年一遇洪水（33 900 m³/s）校核，可能最大洪水（PMF，40 700 m³/s）保坝，设计地震烈度七度（基本烈度六度）水电站设计装机容量50万kW，多年年均发电量18亿kW·h，兼有防洪、航运、灌溉、养殖、旅游等综合效益，是江西电力南北交换的枢纽[129]。设计蓄水位100 m，初期运行96 m，防洪限制水位为90 m，初期为85 m。电站保证出力60.4 MW，装机5台，单机容量100 MW，总装机容量500 MW（初期先装4台，预留1台机组位置）。设计最终年发电量15.16亿kW·h，初期为11.7亿kW·h，万安水利枢纽主要建筑物由混凝土坝、泄洪建筑物、电站厂房、船闸、土坝、灌溉渠首组成，坝长1 104 m。大坝设有9个表孔（宽×高＝14 m×16 m）和10个底孔（宽×高＝7 m×9 m），泄水建筑物最大下泄总量38 100 m³/s；左右岸设管道和涵洞，至坝前引水灌溉下游农田；船闸长175 m，宽14 m，可通行2×500 t级的船队，是国内已建成的水头最高的单级船闸。万安船闸主要由上游停泊区、上游外航道、上闸首、闸室、下闸首、下游外航道和下游停泊区等七个部分组成，其中上闸首、闸室、下闸首是船闸的主要建筑，下闸首人字门高36.25 m，比葛洲坝门高1.25 m；初期工程单位千瓦投资1 962元/kW，土石方开挖量6.6 m²/kW，混凝土量3 m²/kW

（1）左岸挡水段（1坝段~5坝段）混凝土重力坝长80 m、坝顶高程104 m，最大坝高44 m，坝顶高度最大22.8 m，左岸灌溉引水涌道埋于3坝段内，直径1.1 m，引用流量4 m³/s。

（2）9孔溢流坝（6坝段~15坝段），坝型为重力式、敞式溢流堰，长164 m，最大坝高49 m，坝顶高度21.5 m，堰顶高程84 m，弧形闸门14 m×16.5 m，护坦高程64 m、底流消能，孔闸门最大泄量22 600 m³/s。

（3）中间挡水混凝土重力坝段（16坝段）长14 m，最大坝高49 m，坝顶宽度21.5 m。

（4）10 个泄流底孔段（17 坝段～26 坝段）、坝型为重力式、长150 m、最大坝高 58 m、坝顶高度 21 m、孔底高程 68 m、底孔尺寸7 m×9 m、采用弧形闸门及底流消能，护坦高程 63 m，10 个底孔最大泄量 13 800 m³/s。

（5）河床式厂房坝段（1#～5#机组段）长 197 m，其中安装场ⅠⅡ长 45 m，最大坝高 68.1 m。

（6）右岸非溢流混凝土重力坝长 18 m，最大坝高 44 m，坝顶宽度 19 m。

（7）船闸闸道有效尺寸 175 m×14 m×2.5 m，最大水头 32.3 m，挡水前沿长 51 m，上闸首顶部高程 105 m，门槛高程 82.5 m，最大调度 51.5 m，闸室墙顶部高程 102 m，下闸室顶部高程 102 m，门槛高程65 m，采用人字型闸门挡水及底部长输水廊道盖板消能。

（8）右岸黏土心墙沙壳坝长 430 m，坝顶高程 105 m，最大坝高37 m，坝顶宽 8.5 m，防浪墙高 1.2 m，右岸土坝右端坝基埋设 φ2.2 m灌溉涵管，引用流量 15 m³/s，大坝基础防渗除右岸土坝采用混凝土防渗墙外，其余均采用灌浆帷幕防渗。

万安水利枢纽工程特性如表 3.1 所示。

表 3.1　万安水利枢纽工程特性表

Tab. 3.1　The features of Wanan hydro-junction

序号	名称	单位	数量	备注
一	水文			
1	流域面积			
	赣江流域面积	km²	80 948	
	坝址以上	km²	36 900	
2	利用水文系列年限	a		
3	多年平均年径流量	10⁸m³		
4	代表性流量			

续表3.1

序号	名　称	单位	数量	备　注
	多年平均流量	m^3/s	953	多年平均径流深 815.0 mm
	实测最大流量	m^3/s		
	最小流量	m^3/s		
	调查历史最大流量	m^3/s		
	设计洪水标准及流量（P=0.2%）	m^3/s		
	校核洪水标准及流量（P=0.05%）	m^3/s		
	施工导流标准及流量（P=5%）	m^3/s		
5	洪量			
	设计洪水洪量			
	72 h	10^8 m^3		
	168 h	10^8 m^3		
	校核洪水洪量			
	72 h	10^8 m^3		
	168 h	10^8 m^3		
6	泥沙			
	多年平均悬移质年输沙量	10^4 t		
	多年平均悬移质含沙量	kg/m^3		
	实测最大断面平均悬移质含沙量	kg/m^3		
	多年平均推移质年输沙量	10^4 t		
二	工程规模			

续表 3.1

序号	名　　称	单位	数量	备　注
（一）	水库			
1	水库水位			
	校核洪水位（$P=0.05\%$）	m	101.71	
	设计洪水位（$P=0.2\%$）	m	98.81	
	正常蓄水位	m	98.11	94.11 目前运行
	防洪高水位（$P=0.5\%$）	m	98.11	91.71 目前运行
	汛期限制水位	m	88.11	83.11 目前运行
	死水位	m	88.11	83.11 目前运行
	枯水期运行最低水位	m		
2	正常蓄水位时水库面积	km^2		
3	回水长度	km		
4	水库容积			
	总库容（校核洪水位以下库容）	10^8m^3	22.14	
	调洪库容（校核洪水位至汛限水位）	10^8m^3		
	防洪库容（防洪高水位至汛限水位）	10^8m^3		
	调节库容（正常蓄水位至死水位）	10^8m^3	7.65	
	共用库容（正常蓄水位至汛限水位）	10^8m^3		
	死库容（死水位以下）	10^8m^3		
5	库容系数	%		

续表 3.1

序号	名　　称	单位	数量	备　注
6	调节特性			不完全年调节
7	水量利用系数	%		
8	下泄流量及相应水位			
	校核洪水位时最大下泄流量	m^3/s		
	相应下游水位	m		
	设计洪水位时最大下泄流量	m^3/s		
	相应下游水位	m		

3.1.4　工程调度及运行方式

3.1.4.1　调度原则

　　万安水库初期蓄水后，主汛期运行水位过低，机组运行状况恶化日益明显，1995 年原电力工业部安全检察及生产协调司批复，万安主汛期 4 月~6 月如未发生洪水时，电站运行水位可控制在 88 m，洪水到来前预泄至 85 m 运行。

　　水库主汛期的防洪调度服从省防总的统一指挥，为了便于开展工作，根据赣汛办字（1998）036 号文，省防总给省电力工业局批复：

　　（1）原则同意授权。汛期 4 月~9 月，入库流量小于 4 000 m^3/s，总出库流量小于 4 000 m^3/s 范围内，在保证库水位不超过汛期运行水位的前提下，由万安水电厂自行调整泄洪闸门的运行方式。

　　（2）严格按照省防总下达的报汛任务书中的规定，当泄洪闸门调整变动后，及时向省防总加报水情。

　　（3）如遇特殊汛情或出现其他情况，我部将随时下达调度命令，请严格执行。

　　因此水库调度原则可归纳为：防洪限制水位和蓄水时间原则规定：汛期 4 月~6 月防洪限制水位为 85.00 m，运行水位为 88.00 m，

6月底7月初库水位逐渐蓄至96 m。入库和出库流量均小于4 000 m³/s 时,万安水电厂可自行调整泄洪闸门的运行方式。

3.1.4.2　调度规程

蓄水削峰方式

A 级:当8 800 m³/s ＜ $Q_{\text{入库}}$ ＜9 550 m³/s 时,水库开始蓄水,下泄流量按8 800 m³/s 控制。

B 级:当9 550 m³/s ＜ $Q_{\text{入库}}$ ＜12 000 m³/s 时,水库蓄水量按750 m³/s控制。

C 级:当 $Q_{\text{入库}}$ ＞12000 m³/s 时,水库蓄水量按4 000 m³/s 控制。

D 级:当万安水库水位蓄至93.6 m³/s 时,水库按入库流量敞泄;当 $Q_{\text{入库}}$ ＜8 800 m³/s 时,水库供水按8 800 m³/s 下泄;库水位回落至88.00 m 时停止供水,保持88.00 m 库水位进入正常工作状态。

3.2　工程影响江段水文、地质及水质现状

3.2.1　工程影响江段水文情势分析

3.2.1.1　气象特征

赣江流域属“亚热带湿润气候”东亚季风区,总的气候特征是春夏之交多梅雨,秋冬季节降雨较少,春寒、夏热、秋旱、冬冷。多年平均降水量1 360 mm,最大年降水量达2 240mm,最小为1 009.9mm,多集中在3月~6月,多年平均蒸发量为1 792.1mm,平均相对湿度为79%。多年平均气温18.7℃,1月份最低,平均为3℃,7月份最高,平均为35℃。最大瞬时风速为28 m/s。

3.2.1.2　坝址径流系列特性

根据1939—1984年棉津站流量资料,棉津站多年平均流量968 m³/s,年平均最大1 620 m³/s,年平均最小为329 m³/s。历年最

大流量为 15 200 m³/s，最小流量仅 78.8 m³/s，年际间来流丰枯不均，年内水量主要集中于汛期。贡江（峡山、居龙滩、翰林桥 4 站之和）与章江来水之比为 315∶1；贡江、章江汇合口至大坝区间来流较少，只占棉津来水的 4.7%。

水库径流主要由降水形成，径流年内分配与降水一致，年内分配不均匀，洪水期（（3 月~6 月）的径流占年径流的 59%，其中 5 月~6 月占 37%，枯水期（（7 月至次年 2 月）的径流平均占年径流的 41%，其中 1 月~2 月占 8%，最大月为 6 月，其径流平均占年径流的 20%，最小月为 1 月占 3%。

坝址多年平均流量 947 m³/s。坝址洪水系由暴雨形成。洪水最早出现在 3 月~4 月，但峰量均不大，称为桃汛；5 月~6 月为洪水的主要季节，特别是 6 月，暴雨次数多，降雨强度大，洪水峰高量大，它主要是由锋面雨造成的，称为夏汛前期；8 月~9 月由于受台风雨影响，亦有可能出现洪水，但峰量均不大，历时短，称为夏汛后期。即赣江洪水一般可分为桃汛和夏汛，而夏汛又可分为前汛期和后汛期，夏汛前汛期是赣江的主汛期[127]。

3.2.1.3 泥沙

库区水沙主要来自贡江（包括平江和桃江）和章江。坝址多年平均含沙量 0.259 kg/s，年输沙量 729.4 万 t，仅为三门峡年平均输沙量的 0.5%[128]。

赣江含沙量较小，上游 4 站多年平均含沙量为 0.252 kg/m³，棉津站多年平均含沙量为 0.274 kg/m³，属少沙河流。贡、章来沙（悬沙）之和约 722 万 t（1953—1984 年多年平均），棉津站为 78 413 万 t，贡江来沙占 82%。章江、贡江汇流口至大坝间区间来沙较少，仅为 62 万 t~96 万 t，约占棉津站 10% 左右；推移质年平均入库沙量约 300 万 t[131]。

1989 年 11 月大坝截流后，改变了坝下游的来水条件，水流形成清水并集中下泄。由于水库的拦蓄作用，坝上游水流变缓，泥沙淤积，亦改变了下游的来沙条件，下泄的水流因含沙量不足，水流的挟沙能力增强，使下游河道失去了天然河道原有的输沙平衡，引起水流、泥沙、河床边界条件的变化，见表 3.2，坝下游河流的形态特征及演变规律也发生相应的变化，这种变化对发电、防洪、航运和下游沿江护堤安全都会产生一定的影响。

表 3.2　万安水库建库前后水、沙统计表

Tab. 3. 2　The water level and sediment flux before and after the foundation of Wanan reservoir

统计年份	年最低水位 （m）	年平均输沙率 （kg/s）	年平均含沙量 （kg/m³）	悬移质泥沙平均 粒径（mm）
1984—1989	67. 15	220	0. 26	0. 048
1990—1994	66. 64	107	0. 10	0. 024

3.2.2　河道地质及水质分析

3.2.2.1　河道地质情况

万安水库呈狭长河道型水库，库长约 100 km，库面约 140 km²，总库容 22. 16 亿 m³，库周地形封闭，岩体透水性小，地下水分水岭高于正常蓄水位，水库无渗漏之虞，亦无矿产淹没。库区所处地貌单元为赣中南中低山与丘陵区。其中水口塘以下为赣南侵蚀中低山与丘陵区，菊屋 ~ 大湖洲为垅状丘陵，丘顶高程 300 ~ 500 m，其余中低山一般高程 500 ~ 800 m，相对高差数十米至数百米，临江山顶高程 130 ~ 200 m；水口塘以上为兴国 ~ 信丰侵蚀丘陵盆地区，丘岗一般高程 160 ~ 300 m，相对高差 60 ~ 200 m，临江山顶高程 130 ~ 160 m。以武术（或菊屋）为界上游河流总体呈 SN 向转折弯曲，下游则呈 NW 向直线状，宽谷河段分布 I ~ Ⅳ 级阶地，I 级阶地保存较好。库区地层除志留系、三叠系和第三系缺失外，自震旦系至第四系均有出露，主要为浅变质岩和碎屑岩及红层。此外，还有加里东期交代花岗岩、燕山期花岗岩、闪长岩和喜山期玄武岩等岩浆岩体[131]。

库区地质构造虽较复杂，断裂也很发育，但除坝址下游1.5km的万安大断裂和库尾赣县东南约2km的大余～南城深断裂显示了一定的活动性之外，其余断层延伸长度一般只有5～15km，破碎带宽度一般5～30m。这些断裂大都发生于加里东和燕山运动时期，断层带多已胶结，未见有地貌差异和地热异常，亦无地震发生，属现今无活动迹象的古老断裂。

3.2.2.2 水质现状

经资料收集、现场勘察和监测分析，万安水库坝址上游流域内所有污染源产生的污染均汇入库区，其中赣州市工业污染是万安水库的主要污染源。目前排放的废水种类主要有：造纸废水、制药废水、化工废水、印染废水、金属冶炼废水等，所排放的主要污染物有COD、BOD_5、挥发酚、SS、硫化物等。水库蓄水运用后，库区河段的水质比蓄水前有所提高，水质达到二类水质标准，见表3.3。这是由于大坝蓄水后，库区水体体积增大很多，在蓄水运用初期，水库水质与原河道水质相差不大，故库区河段的水环境容量明显增大。但是，如果库区污染源较多，进入库区的污染物由于水流流速小而难以及时扩散，一些难降解的有机物又易于沉淀下来而富集于底泥中，那么库区河段的水环境容量就会逐渐减小[132]。

表3.3 万安水库水质类别及富营养状况评价表

Tab. 3.3 The situation of water quality and eutrophication in Wanan reservoir

名称	评价时段	水库水质类别	富营养化现状及评价										营养程度评价
			高锰酸盐指数		总磷		总氮		叶绿素		透明度		
			浓度(mg/L)	评分值	浓度(mg/L)	评分值	浓度(mg/L)	评分值	浓度(mg/L)	评分值	深度(m)	评分值	总评分值
万安水库	全年	Ⅱ	2.4	42	0.023	39	0.73	55	0.0019	29	1.5	40	41
	汛期	Ⅱ	2.6	43	0.026	40	0.8	56	0.0023	32	1.5	40	42
	非汛期	Ⅱ	2.1	41	0.02	37	0.66	53	0.0015	25	1.5	40	49

3.3　工程影响江段鱼类资源现状研究

3.3.1　材料与方法

3.3.1.1　查阅文献资料

通过走访当地水产部门，实地调查、收集相关的《县志》、《市志》、《县统计年鉴》，了解有关鱼类和水产方面的历史数据资料。

3.3.1.2　鱼类区系研究

2009—2010 年在赣江中游不同河段主要集镇设置站点，每季度采集鱼类标本一次，主要采样点为赣州、万安、泰和、峡江，通过渔船和农贸市场购得鱼类标本，现场做好各种标本的生物学性状测量和记录，进行分类鉴定。对无法确认的种类用 10% 的福尔马林保存带回实验室鉴定，标本鉴定参照朱松泉[133-137]等的方法进行。

3.3.1.3　鱼类资源量研究

采取社会捕捞渔获物统计分析，结合现场调查取样进行鱼类资源量的评估；并参考沿河行政区渔业历史和现状资料进行比较分析，得出各河段主要捕捞对象及其在渔获物中所占比重，不同捕捞渔具渔获物的长度和重量组成等鱼类资源数据。

泰和江段以及峡江江段的鱼类资源调查研究情况详见第 4、第 5 章，本章重点介绍赣州江段研究情况。

3.3.1.4　数据统计分析

采用 Microsoft Excel 2003 和 SPSS 13.0 软件进行数据处理、分析及制图。

3.3.2　结果与分析

3.3.2.1　渔业概况

据实地调查和相关部门提供的资料显示，现阶段赣江赣州江段专门从事渔业捕捞的渔民有 24 户左右，年单船捕捞量为 500 kg 左右。渔业方式有拖网、虾笼、三层网、丝网等，其中以三层网、丝网为主，捕捞对象主要有鲤、鳜鱼、鳊、鲂、鲌、鱤、乌鳢、黄颡鱼、四大家鱼等。

据 2009 年统计资料显示，万安县有 2 个渔业村，渔业人口 7 875 人，其中专业捕捞人口 210 人，捕捞渔船 304 艘，年捕捞产量 1 260 t，其中鱼类捕捞产量 1 134 t，水库养殖面积有 4 437.2 hm²，渔业方式有层刺网、丝网、撒网、浮网、大围网、捞子网和滚钩等。

泰和县沿赣江河段为赣江中游的范围。根据调查：泰和沿江渔业生产情况如下：共有 8 个渔业队，渔业人口 900 人，总共拥有渔船 319 艘（专业渔船 119 艘，非专业渔船 200 艘），每艘渔船年捕捞鲜鱼 5~6 t，每年捕捞产值为 328.5 万元。网具以刺网为主。捕捞种类以四大家鱼以及江河平原鱼类为主。

峡江县有专业捕捞人口 74 人，渔船 63 艘，年捕捞产量 437 t，年捕捞产值 431 万余元，渔业方式有丝网、虾笼、三层网、滚钩和电渔。

本次调查了解到万安、泰和、峡江三县 2009 年渔业捕捞情况见表 3.4，资料显示 2009 年三县中捕捞渔船数万安县据首位，捕捞人员数泰和县最多，但两者在捕捞产量上无显著差异，峡江县捕捞渔船数及捕捞人员数都最少，捕捞产量也最低。

表 3.4　2009 年万安县、泰和县、峡江县渔业捕捞情况

Tab. 3.4　The fishing case of Wanan，Taihe and Xiajiang in 2009

地区	捕捞渔船			捕捞专业劳动力（人）	捕捞产量（吨）
	艘	总吨	千瓦		
万安县	304	1 117	1 639	210	1 260
泰和县	88	209	420	285	1 300
峡江县	63	63	185	74	926

3.3.2.2　鱼类组成

本调查在赣江赣洲段共采集鱼类标本 8 972 尾（见表 3.5，表 3.6），记录、统计鱼类 79 种，经鉴定分别隶属于 7 目 17 科 68 属。其中：鲤形目 3 科 55 种，占该江段鱼类总种数的 69.62%；鲇形目 4 科 8 种，占 10.12%；合鳃目 1 科 1 种，占 1.27%；鲈形目 6 科 12 种，占 15.18%；鲱形目 1 科 1 种，占 1.27%；鳗鲡目 1 科 1 种，占 1.27%；颌针鱼目 1 科 1 种，占 1.27%。

表 3.5　工程影响范围鱼类物种的组成

Tab. 3.5　Faunal composition of fishes around the hydraulic project

目　名	科数	种数	种数所占百分比
鲤形目 Cypriniformes	3	55	69.62%
鲇形目 Siluriformes	4	8	10.12%
合鳃目 Synbranchiformes	1	1	1.27%
鲈形目 Perciformes	6	12	15.18%
鲱形目 Clupeiformes	1	1	1.27%
鳗鲡目 Anguillidae	1	1	1.27%
颌针鱼目 Beloniformes	1	1	1.27%
合　计	17	79	100%

表 3.6　工程影响河段鱼类名录

Tab. 3.6　The list of the fish species around Wanan hydraulic project

种 类 名 称	资 源 量
一、鲤形目 CYPRINIFORMES	
I. 鲤科 Cyprinidae	
1）鱼丹亚科 Danioninae	
1. 马口鱼 Opsariichthys bidens	＋＋
2. 宽鳍鱲 Zacco platypus	＋＋

续表3.6

种 类 名 称	资 源 量
2）雅罗鱼亚科 Leuciscinae	
3. 鳤 *Ochetobius elongatus*	－
4. 草鱼 *Ctenopharyngodon idellus*	＋＋
5. 青鱼 *Mylopharyngodon piceus*	＋
6. 赤眼鳟 *Squaliobarbus curriculus*	＋＋
7. 鳡 *Elopichthys bambusa*	＋
3）鲢亚科 Hypophthalmichthyinae	
8. 鲢 *Hypophthalmichthysmolitrix*	＋＋
9. 鳙 *Aristichthys nobilis*	＋
4）鲤亚科 Cyprininae	
10. 鲫 *Carassius auratus*	＋＋
11. 鲤 *Cyprinus carpio*	＋＋
5）鲌亚科 Cultcrinae	
12. 团头鲂 *M. amblycephala Yih*	＋
13. 鳘 *Hemiculter leucisculus*	＋＋
14. 半鳘 *Hemiculterella sauvagei*	＋＋＋
15. 贝氏鳘 *Hemiculter bleekeri*	＋
16. 翘嘴鲌 *Culter alburnus*	＋＋
17. 蒙古鲌 *C. mongolicus*	＋
18. 达氏鲌 *C. dabryi*	＋
19. 红鳍原鲌 *Culterichthys erythropterus*	＋
20. 银飘鱼 *Pseudolaubuca sinensis*	＋
21. 鳊 *Parabramis pekinensis*	＋＋＋

续表 3.6

种 类 名 称	资 源 量
22．大眼华鳊 *Sinibramamacrop*	+
6）鲃亚科 Barbinae	
23．中华倒刺鲃 *S. sinensis*	+
24．侧条光唇鱼 *A. parallens*	+
7）鲴亚科 Xcnocyprinae	
25．圆吻鲴 *Distoechodon tu mirostris*	+
26．银鲴 *Xenocypris argentea*	+ + +
27．黄尾密鲴 *X. davidi*	+ +
28．斜颌细鳞鲴 *Plagiognathopsmicrolepis*	+
29．似鳊 *Pseudobrama simoni*	
8）鱊鮍亚科 Achcilognathinae	+
30．越南鱊 *Acheilongnathus tonkinensis*	+
31．无须鱊 *A. gracilis*	+
32．革条副鱊 *Paracheilognathus hi mantegus*	+
33．高体鳑鲏 *Rhodeus ocellatus*	+
9）鮈亚科 Gobioninae	
34．棒花 *Abbottina rivularis*	+ +
35．唇鱼骨 *Hemibarbus labeo*	+ +
36．花鱼骨　　*H. maculatus*	+ +
37．麦穗鱼 *Pseudorasbora parva*	+
38．华鳈 *Sarcocheilichthys sinensis*	+
39．黑鳍鳈 *S. nigripinnis*	+
40．江西鳈 *S. kiansiensis*	+ +

续表 3.6

种 类 名 称	资 源 量
41. 小鳈 *S. parvus*	+
42. 蛇鉤 *Saurogobio dabryi*	+ + +
43. 银鉤 *Squalidus argentatus*	+ + +
44. 吻鉤 *Rhinogobio typus*	+
45. 短须颌须鉤 *Gnathopogon imberbis*	+
10) 鳅蛇亚科 Gobiobotinae	
46. 宜昌鳅蛇 *Gobiobotia ichangsiensis*	+
11) 野鲮亚科 Labeoninae	
47. 东方墨头鱼 *Garra orientalis*	–
II. 鳅科 Cobitidae	
1) 沙鳅亚科 Botiinae	
48. 花斑副沙鳅 *Parabotia fasciata*	+
49. 紫薄鳅 *Leptobotia taenicps*	+
2) 花鳅亚科 Cobitinae	
50. 中华花鳅 *Cobitis sinensis*	–
51. 泥鳅 *Misgurnus anguillicaudatu*	+ +
3) 条鳅亚科 Nemacheilinae	
52. 长鳍原条鳅 *Protonemacheilus longipectoralis*	–
III. 平鳍鳅科 Homalopteridae	
1) 腹吸鳅亚科 Gastromyzoninae	
53. 平舟原缨口鳅 *Vanmanenia pingchowensis*	–
54. 信宜原缨口鳅 *Vanmanenia xinyiensis*	–
55. 斑纹缨口鳅 *Crossostoma stigmata*	–

续表 3.6

种　类　名　称	资　源　量
二、鲇形目 SILURIFORMES	
Ⅳ. 鲇科 Siluridae	
56. 鲇 *Silurus asotus*	+ +
Ⅴ. 胡子鲇科 Clariidae	
57. 胡子鲇 *Clariasfuscus*	+ +
Ⅵ. 鲿科 Bagridae	
58. 粗唇鮠 *Leiocassis crassilabris*	+
59. 大鳍鳠 *Mystusmacropterus*	+ +
60. 黄颡鱼 *Pelteobagrus fulvidraco*	+ + +
61. 光泽黄颡鱼 *P. nitidus*	+ +
62. 圆尾拟鲿 *Pseudobagrus tenuis*	+
Ⅶ. 鮡科 Sisoridae	
63. 福建纹胸鮡 *Glyptothorax fukiensis fukiensis*	+ +
三、合鳃目 SYNBRANCHIFORMES	
Ⅷ. 合鳃科 Synbranchidae	
64. 黄鳝 *Monopterus albus*	+
四、鲈形目 PERCIFORMES	
Ⅸ. 鮨科 Serranida	
65. 鳜 *Siniperca chuatsi*	+ + +
66. 长身鳜 *Coreosiniperca roulei*	+ +
67. 大眼鳜 *Siniperca kneri*	+
68. 鳜 *S. scherzeri*	+ +
Ⅹ. 塘鳢科 Eleotridae	

续表3.6

种类名称	资源量
69. 塘鳢 *Odontobutis obscurus*	+
XI. 蝦虎鱼科 Gobiidae	
70. 蝦虎鱼 *Ctenogobius giurinus*	+
71. 波氏吻蝦虎鱼 *Rhinogobius cliffordpopei*	+
72. 子陵吻蝦虎鱼 *R. giurinus*	+
XII. 攀鲈科 Anabantidae	
73. 叉尾斗鱼 *Macropodus opercularis*	+
XIII. 鳢科 Channidae	
74. 乌鳢 *Ophiocephaliformes*	+ + +
75. 月鳢 *Channa asiatica*	−
XIV. 刺鳅科 Mastacembelidae	
76. 刺鳅 *Mastacembelus sinensis*	+
五、鲱形目 CLUPEIFORMES	
XV. 鲱科 Clupeidae	
77. 短颌鲚 *Coilia brachygnathus*	+
六、鳗鲡目 ANGUILLIFORMES	
XVI. 鳗鲡科 Anguillidae	
78. 鳗鲡 *Anguilla japonica*	−
七、颌针鱼目 BELONIFORMES	
XVII. 针鱼科 Hemirhamphidae	
△79. 间下鱵 *Hemirhamphus intermedius*	−

注："−"表示罕见，"+"表示偶尔可见，"++"表示较常见，"+++"表示数量多，"△"赣江新记录种

从科级水平看，在全部的17科中，鲤科鱼类47种，比重最大，

占该水域鱼类总种类数的 59.49%；鳅科 5 种，6.32%；平鳍鳅科 3
种，占 3.79%；鲿科 5 种，占 6.32%；鮨科 4 种，占 5.06%；鰕虎
鱼科 3 种，占 3.79%；鳢科 2 种，占 2.53%；鲇科、胡子鲇科、鮡
科、合鳃科、塘鳢科、攀鲈科、刺鳅科、鲱科、鳗鲡科、针鱼科均只
有一种，分别占 1.27%（图 3.2）。

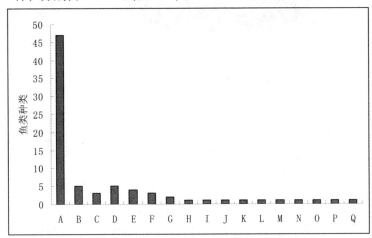

A—鲤科；B—鳅科；C—平鳍鳅科；D—鲿科；E—鮨科；F—鰕虎鱼
科；G—鳢科 H—鲇科 I—胡子鲇科；J—鮡科；K—合鳃科；L—塘鳢
科；M—攀鲈科；N—刺鳅科；O—鲱科 P—鳗鲡科；Q—针鱼科

图 3.2　工程影响范围各科鱼类的种类数

Fig. 3.2　Fish species of each family around the hydraulic project

在鲤科鱼类中，鮈亚科种类最多，共 12 种，占该水域鲤科类总
种数的 25.53%；其次是鲌亚科，11 种，占 23.40%；雅罗鱼亚科，5
种，占 10.63%；鲴亚科，5 种，占 10.63%；鳑鲏亚科，4 种，占
8.51%；鱼丹亚科、鲢亚科、鲤亚科、鲃亚科各 2 种，分别占
4.26%；鳅鮀亚科、野鲮亚科各 1 种，分别占 2.13%（见图 3.3）。

3.3.2.3　渔获物统计与分析

根据 2009—2010 年实地对固定渔船渔获物进行统计，共记录到
8 972 尾标本（见表 3.6）。主要经济鱼类有黄颡鱼、鮈类、鳜、银

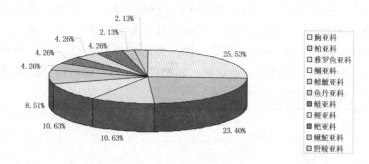

图 3.3　工程影响范围鲤科鱼类的组成

Fig. 3.3　Composition of the *Cyprinidae* around the hydraulic project

鲴、鳊、鳘、飘鱼、乌鳢、鲇类等。渔获物重量组成中结果显示当地主要经济鱼类主要有鳊、银鲴、鳘、鲤、黄颡鱼、鳜、翘嘴鲌、四大家鱼、乌鳢、鲇等。渔获物生物量组成中，黄颡鱼（19.66%）、鲴（17.08%）最多，其次为鳜类（14.89%）、乌鳢、鲇类（11.59%）等。就个体数量百分比来说，黄颡鱼类（32.20%）和鳘、飘鱼类（14.57%），其次为鲴（13.69%）和鮈类（10.19%）。根据物种相对多度的等级划分，选定物种个体数达到群聚的 10% 以上者作为优势种[134,135]（见表 3.7）。

表 3.7　工程影响河段渔获物组成统计表

Tab. 3.7　The catch statistics of fishes around the hydraulic project

种类	个体数（尾）	百分比（%）	生物量（kg）	百分比
四大家鱼	52	0.58	54.24	6.83%
鲤、鲫	76	0.85	22.65	2.85%
鳊、鲂、鲌类	659	7.35	78.63	9.90%
乌鳢、鲇类	601	6.70	92.05	11.59%
黄颡鱼类	2 889	32.20	156.16	19.66%
鳜类	883	9.84	118.31	14.89%
鮈类	914	10.19	53.34	6.72%

续表 3.7

种类	个体数（尾）	百分比（%）	生物量（kg）	百分比
鳘、鳔鱼类	1 307	14.57	21.19	2.67%
鲴	1 228	13.69	135.72	17.08%
鳡鱼	26	0.29	9.88	1.24%
赤眼鳟	82	0.91	13.48	1.70%
其他	255	2.83	38.65	4.87%
合计	8 972	100	794.30	100%

其他：主要包括鳅、鰕虎鱼、棒花鱼和鳠类等。

3.3.2.4　工程影响河段四大家鱼幼鱼的资源状况及繁殖生物学特性

1. 四大家鱼幼鱼的资源状况

（1）幼鱼的组成

本次调查共采集四大家鱼幼鱼 104 尾，其中青鱼 3 尾、草鱼 77 尾、鲢 21 尾、鳙 3 尾（见图 3.4）。结果显示草鱼最多，占 74.05%，鲢次之，占 20.19%，青鱼、鳙各占 2.88%。

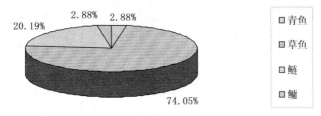

图 3.4　赣江赣州江段四大家鱼幼鱼组成

Fig. 3.4　Composition of larvae for four Chinese carps in Ganzhou reach of Gan River

（2）形态特征参数

表 3.8 显示，4 种鱼的种内差异较小，显示出种群比较整齐，但 4 种鱼各自表现出特有的形态学特点。表 3.8 所展示的 4 种鱼的形态参数，在一定程度上反映这些鱼类的种质特性。

表 3.8 赣江赣州江段四大家鱼幼鱼形态特征参数

Tab. 3.8 Morphology parameter of larvae for Chinese carps in Ganzhou reach of Gan River

名称	体长 (cm)	体高 (cm)	头长 (cm)	头高 (cm)	头宽 (cm)	吻长 (cm)	眼径 (cm)	鼻间距 (cm)	眼间距 (cm)	尾柄高 (cm)
青鱼	19.67±1.53	5.00±0.75	5.80±0.92	4.51±0.87	4.07±0.66	1.40±0.25	0.97±0.05	1.21±0.06	2.94±0.24	2.84±0.82
草鱼	17.53±2.02	4.10±0.51	4.54±0.44	3.56±0.40	3.10±0.30	1.15±0.12	0.94±0.08	1.20±0.12	2.42±0.28	1.92±0.26
鲢	21.46±2.04	6.73±0.60	6.06±0.38	6.00±0.35	3.69±0.24	1.38±0.15	1.10±0.06	1.65±0.10	2.81±0.18	2.35±0.20
鳙	20.36±1.20	5.38±0.49	6.71±0.51	5.00±0.37	3.50±0.16	1.65±0.10	1.06±0.08	1.74±0.17	2.82±0.17	1.91±0.18

表 3.9 赣江赣州江段四大家鱼幼鱼体尺指数

Tab. 3.9 Parameter proportion of larvae for four Chinese carps in Ganzhou reach of Gan River

名称	头长指数	头宽指数	头高指数	尾柄高指数	吻长指数	体高指数
青鱼	0.294±0.032	0.206±0.022	0.228±0.032	0.143±0.034	0.071±0.010	0.253±0.020
草鱼	0.260±0.015	0.178±0.007	0.203±0.008	0.109±0.007	0.066±0.005	0.234±0.014
鲢	0.287±0.017	0.154±0.007	0.251±0.013	0.098±0.002	0.058±0.007	0.281±0.004
鳙	0.329±0.006	0.171±0.004	0.245±0.005	0.093±0.004	0.081±0.001	0.264±0.011

（3）体尺指数

4种鱼在不同生长发育阶段的体尺指数见表3.9。比较青鱼、草鱼、鲢、鳙四大家鱼各项指数结果显示，头长指数为鳙＞青鱼＞鲢＞草鱼；头宽指数为青鱼＞草鱼＞鳙＞鲢；头高指数为鲢＞鳙＞青鱼＞草鱼；尾柄高指数为青鱼＞草鱼＞鲢＞鳙；吻长指数为鳙＞青鱼＞草鱼＞鲢；体高指数为鲢＞鳙＞青鱼＞草鱼。其中鳙的头长和吻长指数明显大于其他鱼，显示出头部和吻部的生长发育占有明显的优势。

2. 四大家鱼繁殖生物学特性

（1）亲鱼的数量比

调查期间共采集到亲鱼标本79尾，其中青鱼27尾、占34.18%；草鱼42尾，占53.16%；鲢8尾，占10.13%；鳙2尾，占2.53%（见图3.5）。结果表明赣江赣州江段，草鱼在四大家鱼繁殖群体中所占比重较大，超过1/2；其次是青鱼，超过1/3；鲢和鳙数量甚少。

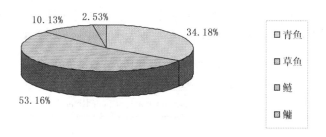

图3.5　赣江赣州江段四大家鱼亲鱼的数量比

Fig.3.5　Proportion of quantity for four Chinese carps parent in Ganzhou reach of Gan River

（2）亲鱼的体长与体重

青鱼的繁殖群体，体长42.3~92.0cm，体重2.70~15.60kg；草鱼的繁殖群体，体长42.5~83.6cm，体重1.60~10.00kg；鲢的繁殖群体，体长38.0~72.5cm，体重1.20~6.20kg；鳙的繁殖群体，体长47.0~76.3cm，体重1.75~7.50kg（见表3.10）。

表 3.10 赣江赣州江段四大家鱼亲鱼的体重与体长

Tab. 3.10 Length and weight of body for four Chinese carps parents in Ganzhou reach of Gan River

名 称	标本数	体长（cm）			体重（kg）		
		范围	平均值	标准差	范围	平均值	标准差
青鱼	27	42.3~92.0	75.2	11.4	2.70~15.60	8.73	2.42
草鱼	42	42.5~83.6	68.3	9.5	1.60~10.00	6.55	2.20
鲢	8	38.0~72.5	57.5	11.6	1.20~6.20	4.49	1.66
鳙	2	47.0~76.3	61.5	-	1.75~7.50	4.63	-

（3）亲鱼的年龄组成

鉴定亲鱼的年龄显示青鱼的繁殖群体主要由 4 龄、5 龄组成，共占总数的 70.37%，而以 4 龄个体最多；草鱼的繁殖群体主要由 3 龄、4 龄组成，共占 71.43%；鲢的繁殖群体 4 龄鱼最多，占 37.50%；鳙的年龄序列最短，4 龄、5 龄分别占 50.00%（见表 3.11）。

表 3.11 赣江赣州江段四大家鱼亲鱼的年龄组成

Tab. 3.11 Composition of age for four Chinese carps parents in Ganzhou reach of Gan River

年龄	青鱼		草鱼		鲢		鳙	
	尾数	比例	尾数	比例	尾数	比例	尾数	比例
III$^+$	3	11.11%	13	30.95%	2	25.00%	0	0
IV$^+$	9	33.33%	17	40.48%	3	37.50%	1	50.00%
V$^+$	10	37.04%	9	21.43%	2	25.00%	1	50.00%
VI$^+$	4	14.82%	3	7.14%	1	12.50%	0	0
VII$^+$	1	3.70%	0	0	0	0	0	0
合计	27	100%	42	100%	8	100%	2	100%

（4）繁殖群体中的性比

青鱼：雌11尾，雄16尾；草鱼：雌20尾，雄22尾；鲢：雌5尾，雄3尾；鳙：雌1尾，雄1尾。因此，四种鱼的性比（雌：雄）分别为：青鱼，40.7∶59.3；草鱼，47.6∶52.4；鲢，62.5∶37.5；鳙，50.0∶50.0。雌雄性比都接近于1∶1（见表3.12）。

表3.12　赣江赣州江段四大家鱼亲鱼的性比

Tab. 3. 12　Proportion of sex for four Chinese carps parents in Ganzhou reach of Gan River

种类	♀（尾）	♂（尾）
青鱼	11	16
草鱼	20	22
鲢	5	3
鳙	1	1

（5）成熟系数

成熟系数主要用于衡量性腺发育程度和鱼体能量资源在性腺和躯体之间的分配比例，它反映了正在发育的性腺的生长过程。赣江赣州江段四大家鱼繁殖季节成熟系数变化范围：青鱼为1.09%～11.05%；草鱼为1.16%～12.26%；鲢为3.44%～17.70%；鳙为6.06%～11.33%。月变化幅度：4月份，青鱼为1.09%～4.44%；草鱼为1.43%～5.35%；鲢为3.44%～3.91%；鳙在4月份未采集到繁殖个体。5月份，青鱼为3.71%～11.05%；草鱼为1.84%～12.26%；鲢为3.91%～17.70%；鳙为6.06%～11.33%。6月份，青鱼为1.76%～8.79%；草鱼为1.16%～11.25%；鲢为3.50%～17.00%；鳙未采集到繁殖个体。7月份，青鱼为1.37%～2.28%；草鱼为1.51%～3.33%；鲢、鳙均未采集到繁殖个体。青鱼、草鱼、鲢、鳙四种鱼的月平均成熟系数均在5月份达到最高分别为9.41%、8.46%、11.70%、8.69%，即说明四大家鱼在5月份进入繁殖高峰期（见表3.13）。

表3.13 赣江赣州江段四大家鱼成熟系数的变化情况（2009年4月至7月）

Tab. 3.13 Changes of gonad somatic indices for four Chinese carps in

Ganzhou reach of Gan River From April to July 2009

种类	4月		5月		6月		7月	
	成熟系数（%）	平均值（%）	成熟系数（%）	平均值（%）	成熟系数（%）	平均值（%）	成熟系数（%）	平均值（%）
青鱼	1.09~4.44	1.98	3.71~11.05	9.41	1.76~8.79	4.87	1.37~2.28	1.72
草鱼	1.43~5.35	3.22	1.84~12.26	8.46	1.161~1.25	6.67	1.51~3.33	2.26
鲢	3.44~3.91	3.75	3.91~17.70	11.70	3.50~17.00	10.25	–	–
鳙	–	–	6.06~11.33	8.69	–	–	–	–

（6）繁殖力

27尾产卵四大家鱼标本中，青鱼9尾、草鱼12尾、鲢5尾、鳙1尾。其体长、体重、绝对繁殖力和相对繁殖力统计见表3.14。表3.14显示，赣江赣州江段四大家鱼中青鱼的绝对繁殖力均值为54.04万粒/尾、草鱼为57.70万粒/尾、鲢为66.87万粒/尾、鳙为56.78万粒/尾；相对繁殖力均值青鱼为65.46粒/g、草鱼为74.62粒/g、鲢为125.99粒/g、鳙为75.70粒/g。

表3.14 赣江赣州江段四大家鱼的繁殖力

Tab. 3.14 Absolute and relative fecundity of four Chinese carps in

Ganzhou reach of Gan River

种类	标本数	体长（cm）		体重（g）		绝对繁殖力（10^4粒/尾）		相对繁殖力（粒/g）	
		范围	均值	范围	均值	范围	均值	范围	均值
青鱼	9	63.0~87.0	74.6	5 700.00~10 500.00	8 257.14	42.03~68.97	54.04	45.68~86.21	65.46
草鱼	12	66.0~83.6	74.0	6 000.00~10 000.00	8 125.00	44.49~76.54	57.70	48.28~107.50	74.62
鲢	5	58.0~66.0	62.3	5 000.00~6 200.00	5 633.33	62.52~76.54	66.87	116.73~139.48	125.99
鳙	1	76.0	76.0	7 500.00	7 500.00	56.78	56.78	75.70	75.70

3.3.2.5　工程影响江段四大家鱼产卵场分布及产卵情况

（1）工程影响江段四大家鱼产卵场的分布

通过实地调查，从渔民和赣州水产研究所提供的资料显示，赣江赣州段仍然存在四大家鱼产卵场，位于章、贡二水交汇处以下 16 km 左右及万安水利枢纽以上 80 km 左右的储潭镇老虎角（见图 3.6）。历史上位于现在库区范围的望前滩产卵场、良口滩产卵场、万安产卵场已消失；而万安水利枢纽以下至泰和江段存在的主要产卵场有：百嘉下产卵场、泰和产卵场、沿溪产卵场，其中位于坝下的百嘉下产卵场受水库影响规模明显减小。

图 3.6　赣州储潭四大家鱼产卵场

Fig. 3.6　The Spawning sites of four Chinese carps in Chutan of Gan River

（2）四大家鱼产卵江讯与赣江赣州江段涨水的关系

通过分析 2009 年 4～7 月份赣江赣州江段水位变化显示，共涨水三次，时间分别为 5 月底、6 月初、7 月初，其中 7 月初洪峰较大（见图 3.7）。参照陈永柏等四大家鱼产卵水文水动力特征研究综述的研究方法[141]，对赣江赣州江段 2009 年 4 月～7 月份的繁殖季节四大家鱼产卵与涨水的关系进行了研究，结果显示，赣江赣州江段在 2009 年 7 月 2 日～7 月 8 日，涨水幅度最大，水位增幅达 6.60 m，期间捕获产卵家鱼个体最多，总产卵量最大为 733×10^4 粒（表 3.15）。

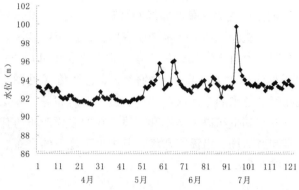

图 3.7　2009 年 4 月至 7 月赣江赣州江段水位变化

Fig. 3.7　variation of water level for Ganzhou reach of Gan River From April to July 2009

表 3.15　四大家鱼产卵江讯与赣江赣州江段涨水的关系

Tab. 3.15　The relationship between spawning of four Chinese carpsand flooding flow in the Ganzhou reach of Gan River

涨水日期	水位（m）	水位增幅（m）	产卵江讯	产卵量（10^4 粒）
5.23~28	93.34~95.81	2.47	5.25~30	242
6.4~9	93.49~96.11	2.62	6.7~13	358
7.2~8	93.18~99.78	6.60	7.3~11	733

3.4　讨论

3.4.1　万安水利枢纽工程对赣江鱼类资源及其生态环境的影响

3.4.1.1　万安水利枢纽工程对赣江水生态环境的影响

鱼类作为河流生态系统中的消费者，与生态环境中的其他水生生物之间有着密切的关系。其通过上行效应和下行效应与环境间进行紧密的相互作用[142]。河流环境等理化因子的变化通过上行效应改变鱼类种群数量和群落结构[143,144]，而鱼类群落结构的变化通过营养级链和下行效应对水体的理化特征以及其他生物的组成、分布、丰度、生物量等水生态系统结构与功能的许多方面产生影响[145,146]，有些生物可直接或间接地作为鱼类的饵料。关于鱼类与水环境间相互关系的研究国内外已有报道[146-161]。胡美琴等[162]于1982—1983年对赣江浮游植物进行调查，报道全江浮游植物种类共8门61属119种，其中硅藻门26属，绿藻门23属，蓝藻门7属，裸藻门、甲藻门、金藻门、黄藻门、隐藻门各1属。田见龙[93]于同一时期调查报道赣江有浮游植物8门19目28科119种，其中硅藻门和绿藻门分别占总数的43.6%和40.3%，其次是蓝藻门占9.3%，其他数量极少；浮游动物125种，其中原生动物占总数的6%，轮虫43%，枝角类28%，桡足类21.0%。陈彦良[163]等于2008年12月对赣江中游进行了浮游生物的调查，鉴定浮游植物共8门30属47种，硅藻门30种，绿藻门10种，蓝藻门1种，金藻门2种，裸藻门1种，甲藻门1种，黄藻门1种，隐藻门1种。浮游动物25种，其中轮虫类10种，枝角类8种，桡足类5种，原生动物2种。表3.16、表3.17就万安水利枢纽建设前后赣江浮游生物种类进行了比较，可以看出万安水利枢纽建设运行以来，目前赣江浮游植物及浮游动物优势种群未发生变化，仍分别为硅藻类和轮虫类。

表3.16　万安水利枢纽建设前后赣江浮游植物组成及百分比

Tab. 3.16　The composition and percentage of phytoplankton before and after building the hydraulic project in Wanan

时间	硅藻门	绿藻门	蓝藻门	金藻门	其他4门
建坝前（8门119种）	43.6%	40.3%	9.3%	极少	极少
建坝后（8门47种）	63.8%	21.4%	2.1%	4.3%	各占2.1%

表 3.17 万安水利枢纽建设前后赣江浮游动物组成及百分比

Tab. 3.17 The composition and percentage of Zooplankton before and
after building the hydraulic project in Wanan

时间	轮虫类	枝角类	桡足类	原生动物
建坝前 (8 门 125 种)	43%	28%	21.0%	6%
建坝后 (8 门 25 种)	40%	32%	20%	8%

3.4.1.2 万安水利枢纽工程对水域鱼类组成及渔业捕捞产量的影响

据 20 世纪 80 年代调查记载，赣江鱼类有 118 种和 5 个亚种（见表 2.2），隶属 11 目 22 科 74 属[98,99]。本次调查显示赣江中游以万安水库大坝为界，坝上江段记录鱼类 79 种，隶属 7 目 17 科 68 属，坝下江段共记录鱼类 71 种，隶属 77 目 16 科 58 属，详见万安水利枢纽建设前后赣江鱼类种类名录（见附表 I）。万安水利枢纽建成后，改变了原河流的生态环境，库区水位升高，河水流速减缓，泥沙大量沉积，水温、透明度、饵料生物组成等都发生了变化。因而，对鱼类区系组成的变化有较大影响。表 3.18、表 3.19 显示：与建坝前赣江鱼类组成调查结果比较，万安大坝的截流导致四大家鱼等江河洄游性鱼类减少；坝上与坝下相比底栖鱼类（如黄颡鱼、乌鳢、鲇等）产量增多；库区由于巨大的径流量带来了丰富的有机物质和无机盐类，直接或间接地丰富了鱼类的饵料基础，尤其是库湾里滞留了丰富的营养盐类和有机碎屑，为饵料生物的生长繁殖提供了有利条件[164]。浮游生物的数量和生物量增加，以浮游生物和有机碎屑为食饵的鱼类得到发展，如鳊、鲌、鲴类等数量增加。

表 3.18 万安水利枢纽建设前后赣江中游主要鱼类的种类数量比较

Tab. 3.18 Fish species of main family in the middle reaches of Gan River before and after building the hydraulic project in Wanan

主要鱼类	建坝前（1982—1983 年）	建坝后（2008—2010 年）	
		坝上	坝下
鲤 形 目	76	55	50
鲇 形 目	16	8	8
鲈 形 目	15	11	9

表 3.19 万安水利枢纽建设前后赣江鲤科鱼类组成比较

Tab. 3.19 Composition of the Cyprinidae before and after building the hydraulic project in Wanan

鲤科鱼类	建坝前（1982—1983 年）	建坝后（2008—2010 年）	
		坝上	坝下
1) 鱼丹亚科 Danioninae	2	2	2
2) 雅罗鱼亚科 Leuciscinae	10	5	5
3) 鲌亚科 Cultrinae	16	11	11
4) 鮈亚科 Xcnocyprinae	5	5	5
5) 鳑鲏亚科 Achcilognathinae	10	4	5
6) 鲃亚科 Barbinae	5	2	1
7) 野鲮亚科 Labeoninae	1	1	1
8) 鮈亚科 Gobioninae	16	12	11
9) 鲤亚科 Cyprininae	2	2	2
10) 鳅蛇亚科 Gobiobotinae	2	1	1
11) 鲢亚科	2	2	2
合　　计	71	47	46

表 3.20、图 3.8 分别为万安县 1986—2010 年渔业捕捞产量统计及动态曲线图。可以看出，1986 年至 1993 年捕捞产量为稳步递增，

以 1993 年万安水库下闸蓄水为节点，万安县渔业捕捞产量由 1993 年的 749t 猛增到 1994 年的 1 424t，之后除 1998 年、2000 年及 2010 年由于气候异常引起的突出变化外，捕捞产量一直维持在 1 200～1 400t 之间，说明建库后，随着水位抬高，以浮游生物为食的鱼类有了充足的食物来源，喜栖缓流敞水生活的鱼类得到了较好的繁衍生息，在种群数量上得到了很好发展。

水库形成后，由于环境的改变，一些喜急流生态环境的鱼类，如银鲴、赤眼鳟等将会随水文情势的变化向上游或支流迁移，致使这些种类在库区中日趋减少，甚至逐渐退出在库区中的分布，其在库区的资源量减少。

表 3.20 万安县 1986—2010 年捕捞产量统计表
Tab. 3.20 The statistics of fishing production in Wanan from 1986 to 2010

年 份	捕捞产量（t）	年 份	捕捞产量（t）
1986	316	1999	1 237
1 987	343	2000	1 136
1988	338	2001	1 230
1 989	390	2002	1 265
1990	417	2003	1 297
1991	539	2004	1 253
1992	561	2005	1 233
1993	749	2006	1 258
1994	1 424	2007	1 250
1995	1 313	2008	1 260
1996	1 362	2009	1 260
1997	1 362	2010	1 583
1998	1 459		

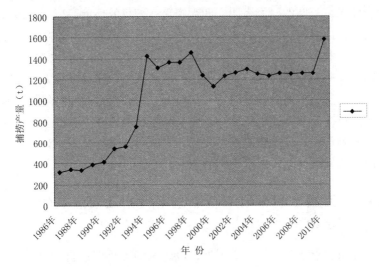

图 3.8　万安县捕捞产量动态曲线（1986—2010 年）

图 3.8　The dynamic curve of Fishing production in Wanan from 1986 to 2010

3.4.1.3　对渔业方式的影响

传统的渔业捕捞工具有定置网、三层网、拖网、虾笼、丝网、毫网、封网、围网、流刺网等。万安水利枢纽截流后随着水位的升高、鱼类资源的减少，大大增加了渔民的捕捞难度。近年来随着渔船、网具的改进，捕捞强度严重超过了鱼类资源自然增殖能力，有害渔具的使用，电鱼、炸鱼、毒鱼现象时有发生，这对该水域鱼类资源带来极大威胁。

3.4.1.4　对四大家鱼资源的影响

"四大家鱼"产卵规模大小与赣江 4 月~6 月份的涨水频率和洪峰强弱有关。万安水库运行方式：4 月~6 月份电站按发电、防洪、航运、灌溉等要求，按照天然来水量工作，7 月 1 日开始蓄水，最早蓄满水库期限为 7 月 15 日。从 1994 年、1995 年的实际运行情况看，在汛期电站的水库削峰流量 300~2000 m³/s，流速、水位等生态条件的相应改变，直接影响"四大家鱼"的正常繁殖；根据长江四大家鱼产卵场调查队的研究表明，四大家鱼产卵场的环境特征为河道弯曲多变、江面宽狭相间、河床地形复杂，同时需要适宜的温度和多变的水流流速刺激[165]。万安水利枢纽建成后水位升高，涨水次数减少、涨水幅度减小导致流速减缓，传统的四大家鱼产卵场将消失或在库区赣江上游支流形成新的产卵场。同时万安水利枢纽的修建阻隔了四大家鱼的洄游，四大家鱼只有在万安水利枢纽泄洪时才有机会从下游洄游到赣州江段，这严重影响了赣江四大家鱼的基因交流，对四大家鱼资源的长期可持续发展是不利的。

3.4.2 万安水利枢纽工程影响下赣州江段渔业的利用及保护

赣州位于章江、贡江交汇处，该水域鱼类仍然以自然种群为主，其鱼类资源对赣州上游各支流及万安库区鱼类资源的补给具有重要的意义。根据其特征和利用现状，对赣江赣州江段鱼类资源保护提出以下几点建议：

（1）积极展开主要鱼类产卵场调查，摸清建库后产卵场的位置、规模及生态环境，对各重要鱼类的产卵场加以保护。

（2）控制捕捞强度，禁止电捕鱼网、无照人员非法滥捞，严格控制鱼网的网目大小；规定每年 4 月 1 日～6 月 30 日为禁渔期，并在禁渔期对渔民给予适当的生活补助。

（3）鼓励渔民转产转业，如外出务工或从事其他副业从而减缓捕捞压力。

（4）严格控制外来物种的引进，对于特别需要引进的物种应进行生态安全风险评价和检疫，防范外来物种对水域生态造成的危害。

（5）加大增殖放流力度，不断扩大放流种类、数量和范围，促进江中鱼类资源的可持续发展。

（6）加强鱼类资源动态监测，深入研究重要鱼类生活史，为赣江鱼类保护管理提供科技支撑。

3.5　本章小结

本章简要介绍了万安水利枢纽工程情况，并就该工程对赣江流域生态环境的影响进行了调研，重点分析了工程建设引起的水文情势变化对工程江段鱼类资源及其生物多样性的影响。

调查中共采集鱼类标本 8 972 尾，记录鱼类 79 种，隶属 7 目 17 科 68 属，结果显示当地主要经济鱼类主要有黄颡鱼、鲌类、鳜、银鲴、鳊、鲦、飘鱼、乌鳢、鲇类等。渔获物生物量组成中，黄颡鱼（19.66%）、鲴（17.08%）最多，其次为鳜类（14.89%）、乌鳢、鲇类（11.59%）等。就个体数量百分比来说，黄颡鱼类（32.20%）和鲦、飘鱼类（14.57%）为优势种，其次为鲴（13.69%）和鲌类（10.19%）。

研究结果认为，万安水利枢纽工程的建设对所涉水域鱼类及其生态环境带来以下影响：

（1）工程建设导致库区水位明显升高，水的流速减缓，泥沙大量沉积，水温、透明度、水化学、饵料生物组成等都将发生不同程度的变化，从整体上改变了原河流的生态环境。因而，引起鱼类区系组成的变化。

（2）大坝的截流导致四大家鱼等江河洄游性鱼类数量减少；底栖鱼类如黄颡鱼、乌鳢、鲇类增多；以浮游生物和有机碎屑为食饵的鱼类如鳊、鲌、鲴类等种群数量增加。

（3）因上、下游的水位、水温、水流速等水文因子的改变，传统的"四大家鱼"产卵场除坝上储潭产卵场仍保留外，望前滩、良口滩、万安 3 个鱼类产卵场已消失，坝下游的百嘉下、泰和、沿溪 3 处鱼类产卵场的功能受到不同程度的影响，其中离水库最近的百嘉下产卵场受影响最大，规模明显减小。

第4章 石虎塘航电枢纽工程对鱼类及其生态环境的影响

4.1 工程概况

4.1.1 流域概况

石虎塘航电枢纽工程位于赣江中游，坝址座落在泰和县城公路桥下游 26 km 的石虎塘村附近，下至吉安市井冈山大桥 33 km，地理位置为东经 115°00′、北纬 26°55′（工程位置见图 4.1）。坝址控制集水面积 43 770 km²，占外洲水文站以上土地总面积（80 948 km²）的 54.1%。石虎塘坝址附近河段河道平缓，该河段河道平均坡降为 0.2‰。

工程正常蓄水位 56.5 m，枢纽工程下闸通航、发电时回水至赣江中游第二级规划梯级枢纽工程坝址——泰和坝址，回水长度约 38 km，水库淹没及影响范围涉及泰和县 6 个乡（镇）及泰和县城区。库区内，在泰和至石虎塘坝址之间长约 39 km 河段中，有集水面积为 1 305 km² 的支流蜀水、有集水面积为 763 km² 的支流云亭河、有集水面积为 558 km² 的支流灌苑水等注入其中。石虎塘坝址下游约 15 km 处，有集水面积为 3 084 km² 的支流孤江从右岸汇入；坝址下游约 26 km 处，有集水面积为 9 058 km² 的支流禾水从左岸汇入。石虎塘坝址上下游河段两岸分布有一、二阶台地，在高程较低的一阶台地河岸边一般筑有防洪标准较低的圩堤，河道平面形态较稳定。

石虎塘坝址以上流域涉及到的行政区域为赣州市的 17 个县（市、区）（寻乌县基本不在其区域，安远、定南两县部分在其区域）和吉安市的泰和县、遂川县、万安县和井冈山市。

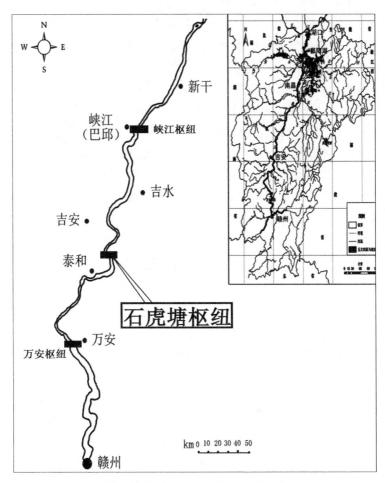

图 4.1　石虎塘航电枢纽工程位置图

Fig. 4. 1　The position of Shihutang navigation and hydropower junction

4.1.2　工程性质及作用

4.1.2.1　工程性质

石虎塘航电枢纽工程是一座以航运为主，兼有发电等综合效益的航电枢纽工程，其水库属大（2）型水库，电站属中型电站，为新建项目。

赣江自南向北贯穿江西全省，连接了江西省重要的经济区和最主要的城市，是江西省通往长江，联系华东、华中及海外的重要水上运输大通道。目前，赣江赣州至万安95 km 河段为万安库区，已达到三级航道标准；万安至吉安112 km 河段（拟建的石虎塘航电枢纽位于该段）为六级航道；吉安至樟树151 km 河段已达到五级航道标准；樟树至南昌92 km 五级航道正在按照三级航道标准整治；南昌至湖口156 km 河段已达到三级航道标准。根据原国家计划委员会计国土〔1990〕1452 号文批复的《江西省赣江流域规划报告》，赣江赣州以下河段规划为三级航道。2005 年赣江货运量已达 8 660 × 10^{4}t，以矿建材料为主，并主要集中在樟树以下河段，通过拟建石虎塘枢纽坝址断面的货运量仅355 × 10^{4}t。赣江中游段航道条件改善后，可降低水运成本，提高水运的竞争力。据《江西省赣江石虎塘航电枢纽工程可行性研究报告》预测：2020 年、2030 年石虎塘枢纽过坝运量将分别增加到843 × 10^{4}t 和 1 333 × 10^{4}t。

江西省 2005 年全社会用电量392 × 10^8 kW·h，最大用电负荷7 600 MW，已出现了局部拉闸限电局面。《江西省赣江石虎塘航电枢纽工程可行性研究报告》根据江西省电力发展规划预测：2015 年江西省全社会用电量846 × 10^8 kW·h、最大用电负荷 16 860 MW，需要装机容量 18 123 MW。根据江西省电源建设发展规划，2015 年全省火电总装机可达 9 300 MW；水电总装机容量 1 402 MW，电力缺口极大。

石虎塘航电枢纽工程库区内沿江两岸有宽阔的一、二阶台地，台地上分布着较多的村庄和数万亩耕地，沿赣江两岸的一阶台地高程相对较低，目前有些一阶台地修筑有防洪标准低且堤身薄弱的防洪堤，有些一阶台地仍无任何防洪设施，经常遭遇赣江洪水侵袭，造成洪灾损失。

4.1.2.2 工程作用

石虎塘航电枢纽工程建成后，能渠化库区内 38 km 的航道，利用枢纽工程的闸坝抬高库区非洪水期水位，增加航道水深，改善通航条件；增加江西省电力系统中的调峰容量117MW、年发电量 4.80×10^8 kW·h；按 10 年一遇防洪标准在库区内沿江两岸修筑防护堤 38.3 km。

　　石虎塘航电枢纽工程的建设，将改善库区 38 km 航道的通航条件，并与下游枢纽和航道沟通，进一步促进赣江的综合开发，适应赣江水运快速发展和船舶大型化；作为赣江航道规划的一部分，与已整治完成的南昌至湖口段航道、正在整治的樟树至南昌段航道和即将建设的峡江水利枢纽等共同为赣江Ⅲ级航道贯通创造条件，并与全国内河高等级航道体系贯通，实现通江达海、提高运输效益、加强地区间物资交流和经济交往，推动区域经济发展；石虎塘电站能结合万安水库的调节作用，与万安电站联合调度共同承担江西省电力系统中的调峰任务，缓解江西省电力资源不足的矛盾；通过防护工程提高库区的防洪标准，为发展赣江沿岸工农业生产、提高人民生活水平提供良好的环境。

　　因此，石虎塘航电枢纽工程建成后，可与上下游枢纽及下游航道整治工程一道改善赣江的通航条件，促进沿江产业带的建设，有利于赣江流域经济的持续发展，而且还将赣江的水能转化为电能，缓解江西省电力电量供应紧张局面，促进江西省的经济发展。

4.1.3　工程建设规模

　　石虎塘航电枢纽工程设计建设规模为：正常蓄水位 56.50 m（黄海高程，下同），死水位 56.30 m，水库总库容 6.32×10^8 m³，船闸有效尺度为 180 m × 23 m × 3.5 m（长 × 宽 × 槛上水深），电站装机容量 117 MW（6 × 19.5 MW），装机容量 12 万 kW，保证出力 3.2 万 kW，年发电量 4.53 亿 kW·h。工程实施计划为：总工期 51 个月（其中：准备工期 9 个月，主体工程工期 29 个月），于 2008 年 1 月开工（主体工程于 2008 年 8 月开工），2011 年 1 月第 1 台机组正式投入运行，2012 年 3 月工程竣工。

石虎塘航电枢纽工程在坝址位置的枢纽工程主要建筑物有泄洪冲沙闸、发电厂房、船闸和两岸土石坝段及交通桥，在库区内设有5个防护区。

4.1.3.1 石虎塘坝址位置的枢纽工程布置

石虎塘枢纽工程沿坝轴线自左至右分别布置为发电厂房、冲沙闸、泄洪闸和船闸。

（1）泄洪冲沙闸

泄洪冲沙闸为开敞式平底板闸，共24孔，总长559 m，闸孔净宽20 m，顺水流方向长30 m，闸底分缝，墩厚3.0 m，闸顶高程63.50 m，底板高程47.00 m。下游采用底流式水跃消能，护坦长45~48 m。

（2）船闸

船闸主要水工建筑物包括上下闸首、内外闸室墙、上下游引航道的内外引墙。上、下内引墙长分别为160 m、400 m；上、下外引墙长分别为80 m、400 m，均采用重力式或半重力式结构。

（3）电站厂房

河床式厂房布置于河床左侧，主要建筑物有主厂房（主机间和安装间）、副厂房（生产副厂房和中控楼）、变电站（升压站和开关站）、进出口建筑物（包括进水渠、尾水渠和拦沙坎）以及进厂公路等。

主机间（坝段）总长145.015 m，顺水流方向总宽88.89 m。在顺水流方向，主机间（坝段）依次分为进口段、主机段及出口段。安装间（坝段）长47.3 m，顺水流方向总宽68.35 m，进厂公路布于左岸。副厂房长145.015 m，宽14.0 m（顺水流方向）。升压开关站布置在安装间下游侧，平面尺寸为70.0 m×13.0 m（长×宽），经进厂公路及上坝公路与外界连接。

（4）左、右岸挡水坝段

左、右岸挡水坝段均采用碾压砂卵石土石坝，分别与两岸岸坡相接。左岸挡水坝段长325.00 m，采用长25 m砼挡水坝段将厂房与土石坝段连接；右岸挡水坝段长 472.7 m。此外，在右岸土石坝段下游侧设一条上船闸的公路，以便船闸进出交通。左岸土石坝的下游侧设置进厂公路，直接进入厂房。

4.1.3.2 库内防护区的工程布置

石虎塘航电枢纽工程为减少库区淹迁投资，对万合、沿溪、金滩、樟塘、泰和县城等地的临时淹没区和浅淹没区设立了 5 个防护区，在 5 个防护区沿江布置防洪堤总长 38.38 km，其中防洪墙 1.06 km；沿防护区一定高程的山腰布置导排渠总长 61.33 km（其中：新修 29.70 km，整修 14.45 km，疏通恢复 17.18 km），导排总面积 70.93 km^2；沿防护区山脚或防护区内布置排涝引水渠总长 43.5 km，在各防护区的低洼处建电排站 6 座，排涝总面积 124.53 km^2，总装机 5 456 kW；整修排涝引水渠线长 9.65 km。在支流灌苑水出口处，建泄洪挡水节制闸一座，在樟塘与万合两防护区联通的引排渠上建引水导排节制闸一座，在万合防护区排涝引排渠出口建排水挡水节制闸一座。石虎塘航电枢纽工程特性见表 4.1。

表 4.1 赣江石虎塘航电枢纽工程特性表

Tab. 4.1 The features of shihutang natigation and hydropower junction in Gan River

序号及名称	单 位	数 量	备 注
一、水文			
1. 流域面积			
全流域	km^2	80 948	外洲水文站以上
工程坝址以上	km^2	43 770	
2. 利用水文系列年限	a	49	
3. 多年平均年径流量	10^8m^3	362.9	
4. 代表性流量			
多年平均流量	m^3/s	1 150	

续表 4.1

序号及名称	单位	数量	备 注
实测最大流量	m^3/s	15 300	栋背站，1964 年 6 月 17 日
实测最小流量	m^3/s	47.9	栋背站，2004 年 12 月 15 日
调查历史最大流量	m^3/s	21 000	棉津河段，1915 年
正常运用（设计）洪水标准	P	2%	
正常运用（设计）洪水流量	m^3/s	19 240	
非常运用（校核）洪水标准	P	0.33%	
非常运用（校核）洪水流量	m^3/s	23 620	
施工导流标准	P	20%	
施工导流流量	m^3/s	过水 3 830，挡水 5 110	一期
	m^3/s	过水 4 700，挡水 6 580	二期
	m^3/s	12 500	全年
5. 泥沙			
多年平均悬移质年输沙量	10^4t	372	
多年平均推移质年输沙量	10^4t	55.8	
二、水库			
1. 水库水位			
校核洪水位	m	60.65	
设计洪水位	m	59.34	
正常蓄水位	m	56.50	
死水位	m	56.20	

续表4.1

序号及名称	单位	数量	备　注
2. 正常蓄水位水库面积	km^2	29.2	
3. 回水长度	km	38	
4. 水库容积			
总库容（校核洪水位以下库容）	10^8 m^3	6.32	
正常蓄水位以下库容	10^8 m^3	1.491	
调节库容	10^8 m^3	0.0847	
死库容	10^8 m^3	1.046	
5. 库容系数	%	0.023	
6. 调节特性			日调节
7. 水量利用系数	%	79.03	电站利用水量
三、下泄流量及相应下游水位			
1. 设计洪水位时最大泄量	m^3/s	19 140	
相应下游水位	m	59.13	
2. 校核洪水位时最大泄量	m^3	23 120	
相应下游水位	m	60.39	
3. 调节流量（P=90%）	m^3/s	293	
相应下游水位	m	47.16	

4.1.4　工程调度及运行方式

4.1.4.1　石虎塘航电枢纽工程运行方式的调度原则

　　石虎塘航电枢纽工程是一座以航运为主，兼顾发电、防洪等综合利用的枢纽工程，枢纽建成后，枯水期利用闸坝抬高水位，增加坝址上游的航道水深，改善通航条件；非洪水期利用闸坝所形成的坝上与坝下水流落差及赣江的来水进行发电，缓解江西省电力系统用电的紧张状况；而在洪水期需确保工程自身的防洪安全并尽量减少库区内的淹没损失，则应尽可能不抬高坝址上游的洪水位，基本保持天然状况。因此，枢纽运行方式的调度原则是：在确保工程自身和坝址上游防洪堤防洪安全并满足航运要求的前提下进行发电调度运行，发电调度运行应尽可能维持在较高水位运行，并使水力资源得到充分利用，以获得最大的综合利用效益。

石虎塘航电枢纽工程的洪水调度运行方式采用上游来水流量指示洪水调度运行方式，即根据上游来水流量指示石虎塘泄水闸和灌苑水出口泄洪挡水节制闸的启闭及其开启度，当上游来水流量大于等于拉闸临界流量时进入洪水调度运行方式，当上游来水流量小于拉闸临界流量时进入航运和发电等调度运行方式。设计选定石虎塘坝址拉闸临界流量为 $4\,700\,m^3/s$，灌苑水出口断面拉闸临界流量为 $70\,m^3/s$。

石虎塘航电枢纽工程的调度及运行方式为：当栋背站流量大于等于拉闸临界流量而灌苑水出口断面流量又小于拉闸临界流量，或栋背站流量和灌苑水出口断面流量均大于等于拉闸临界流量，或栋背站流量小于拉闸临界流量但灌苑水出口断面流量大于等于拉闸临界流量时，石虎塘枢纽泄洪闸全部开启泄洪，此时不能发电；当栋背站和灌苑水出口断面流量均小于拉闸临界流量时，石虎塘枢纽泄洪闸关闭或部分开启，使坝前水位维持在正常蓄水位（56.5 m）与死水位（56.3 m）之间，增加坝址上游航道水深，改善航运条件，此时利用枢纽闸坝形成的水流落差和赣江的来水流量进行发电；在枯水季节赣江来水流量较小时，石虎塘水电站发电运行考虑与万安水电站同步并共同为江西电网调峰。

4.1.4.2 石虎塘航电枢纽工程洪水调度及运行方式

当栋背站流量大于等于拉闸临界流量（ $4\,330\,m^3/s$，相应石虎塘坝址流量 $4\,700\,m^3/s$）且洪水仍有上涨趋势，而灌苑水出口断面流量又小于拉闸临界流量（70.0 m³/s）时，灌苑水出口的泄洪挡水节制闸关闭（灌苑水导排渠上的引水导排节制闸开启），石虎塘枢纽泄洪闸全部开启，降低坝前水位；当栋背站流量和灌苑水出口断面流量均大于等于拉闸临界流量且洪水仍有上涨趋势，或栋背站流量小于拉闸临界流量但灌苑水出口断面流量大于等于拉闸临界流量且洪水仍有上涨趋势时，石虎塘枢纽泄洪闸和灌苑水出口的泄洪挡水节制闸全部开启（此时灌苑水导排渠上的引水导排节制闸关闭）泄洪，尽量不抬高坝址上游洪水位，基本保持天然状况，减少库区淹没；当栋背站和灌苑水出口断面流量均小于拉闸临界流量时，灌苑水出口的泄洪挡水节制闸关闭（灌苑水导排渠上的引水导排节制闸开启），石虎塘枢纽泄洪闸关闭或部分开启，使坝前水位维持在正常蓄水位（56.5 m）与死水位（56.3 m）之间，增加坝址上游航道水深，改善航运条件，并利用枢纽闸坝形成的水流落差进行发电，以满足航运要求和缓解江西电力系统内用电紧张状况；在枯水季节赣江来水流量较小时，石虎塘水电站发电运行应考虑与万安水电站同步并共同为电网调峰，使水力资源得到充分利用。本电站考虑坝下游的航运要求，泄放航运基流 187 m³/s，相应的基荷出力为 15 MW[166]。

4.1.4.3 船舶过闸耗水量和电站发电取用水量

《江西省赣江石虎塘航电枢纽工程可行性研究报告》中经 5 个设计代表年的分析计算，石虎塘航电枢纽工程多年平均下闸发电天数为 352.4 天，当石虎塘电站需泄洪冲沙闸下闸发电时，船舶过闸坝时即需让一定的水量通过船闸而不能用于发电。设计提出：近期设计水平年 2020 年船舶过闸日需水量为 96.8×10⁴ m³，折合成年需水量为 34 112×10⁴ m³；远期设计水平年 2 030 年船舶过闸日需水量为 132.2×10⁴ m³，折合成年需水量为 46 587×10⁴ m³。

石虎塘航电枢纽工程坝址多年平均流量为 1 150 m³/s，多年平均径流量为 362.9×10⁸ m³，电站多年平均水量利用系数为 79.03%，则电站多年平均取用水量为 286.8×10⁸ m³。

（1）运行期

石虎塘航电枢纽工程运行期的退水方式和途径主要为过船闸水、发电尾水和泄洪冲沙闸放水。石虎塘航电枢纽工程的闸坝为低水头闸坝，电站为低水头河床式电站，是一座以航运为主、发电为辅的并具有日调节性能的综合利用枢纽工程。该工程建成后基本不产生新的污染物。当一天的来水量大于发电用水量与船舶过闸需水量之和时，则多余水量为弃水；当一天来水量小于额定出力的发电水量与船舶过闸需水量之和时，为了满足水轮机对流量的要求，降低出力直至来水量等于用水量为止。

（2）施工期

石虎塘航电枢纽工程施工期的水体污染源主要包括生产废水和生活废水两大部分，其中生产废水主要包括混凝土拌和系统冲洗废水、机车修理系统含油污水和基坑排水。污染物以 SS（注：指悬浮物）为主，废水量以砂石骨料加工废水居多。基坑废水与混凝土拌和废水为间歇式排放，其余为连续排放。施工期废水集中产生于枢纽施工区、库区防洪堤和排涝泵站施工区，其废水均退入赣江。

4.2 工程影响江段水文、地质及水质现状

4.2.1 工程影响江段水文情势分析

4.2.1.1 气象特征

石虎塘航电枢纽工程地处江西省中部，属亚热带季风气候区，气候温湿，四季分明，雨量丰沛，光照充足。

据泰和县气象站 1959—2005 年共 47 年的气象资料统计分析：本区域多年平均降水量 1 400.0mm。降水量年际年内分配不均，汛期 4 月~6 月降水量占全年的 47.8%，枯水期 10 月至次年 1 月降水量仅占全年的 16.1%。最大年降水量 2 371.2mm（出现在 2002 年），是最

小年降水量 821.5mm（出现在 1986 年）的 2.89 倍。本区域多年平均气温为 18.7℃，极端最高气温为 41.5℃，出现在 2003 年的 8 月 2日，极端最低气温为 −6.0℃，出现在 1992 年的 12 月 29 日；多年平均风速为 1.8m/s，历年最大风速为 30.0m/s，出现在 1977 年 4 月 24日，相应风向为 W（西风）；多年平均相对湿度为 80%，历年最低相对湿度为 11%，出现在 1978 年 4 月 12 日；多年平均蒸发量为 1407.1mm（20cm 蒸发皿，下同），最大蒸发量出现月份为 7 月，多年平均值 224.1mm，最小蒸发量出现月份为 1 月，多年平均值 48.1mm；多年平均无霜期为 288 天，多年平均日照小时数为 1694小时。

4.2.1.2　泥沙特征

赣江及其支流的泥沙主要来源于雨洪对表土的侵蚀。由于赣江流域植被良好，水土流失不甚严重，因此，其河流属少沙河流。

吉安水文站位于石虎塘航电枢纽工程坝址下游 30km 处的赣江干流上，测站控制集水面积是石虎塘坝址集水面积的 1.8 倍，因此，其所测泥沙特征可代表石虎塘航电枢纽工程坝址附近河段的泥沙特征。

据吉安站 1956—1960 年、1964—2004 年共 46 年的悬移质泥沙资料统计：该站多年平均含沙量 0.164kg/m³，多年平均输沙量 742 × 10^4 t。赣江中游河段吉安站悬移质输沙量特性详见表 4.2。据吉安站的径流、泥沙资料统计对比分析可知：赣江悬移质泥沙的年际年内变化与径流的变化规律基本一致，丰水年丰沙，平水年中等来沙，枯水年少沙。从表 4.2 中栋背站的径流特征与吉安站的泥沙特征对比可看出，赣江输沙量的年际间变化比径流的年际变化更大，泥沙在年内的分配比径流更为集中。吉安站最大年输沙量 2500 × 10^4 t（1958 年）是最小年输沙量 115 × 10^4 t（2004 年）的 21.74 倍。吉安站主汛期 4月~6 月的输沙量占全年输沙量的 63.8%。

表4.2 赣江中游河段栋背站径流特性和吉安站悬移质输沙量特性表

Tab. 4.2 The list of flow in Dongbei and suspended sediment discharge in Jian

月份	栋背站径流				吉安站悬移质输沙量			
	最小值 (m^3/s)	最大值 (m^3/s)	平均值 (m^3/s)	占全年比例（%）	最小值 (10^4t)	最大值 (10^4t)	平均值 (10^4t)	占全年比例（%）
1	149	1150	422	3.34	0.26	65.6	6.1	0.83
2	143	2170	625	4.95	0.25	121	19.0	2.56
3	214	4350	1150	9.10	1.03	399	75.1	10.13
4	348	4720	1700	13.45	3.45	578	133	17.93
5	360	4810	1990	15.75	15.24	394	157	21.21
6	687	5730	2350	18.60	16.82	695	183	24.69
7	363	3060	1120	8.86	1.16	229	55.8	7.52
8	242	2910	976	7.72	3.05	276	47.7	6.43
9	209	4200	847	6.70	1.31	206	35.1	4.73
10	152	1830	594	4.70	0.28	141	17.7	2.39
11	182	1870	472	3.73	0.22	61.7	7.1	0.95
12	146	1260	392	3.10	0.14	54.1	4.7	0.63
全年	372	1790	1053	100.00	115	2500	742	100.00

赣江中游泥沙颗粒较细，据吉安站悬移质泥沙颗粒级配统计分析，吉安站悬移质泥沙多年平均粒径为0.049mm，中数粒径为0.018mm，最大粒径为1.02mm。吉安站多年平均悬移质泥沙颗粒级配见表4.3。

表4.3 吉安站多年平均悬移质泥沙颗粒级配表

Tab. 4.3 The annual average suspended sediment particle gradation of Jian

测站名称	平均小于某粒径的沙重百分数									中数粒径 (mm)	平均粒径 (mm)	最大粒径 (mm)
	粒径级（mm）											
	0.007	0.010	0.025	0.050	0.100	0.250	0.500	1.000	2.000			
吉安	30.5	37.9	55.0	68.3	83.3	91.1	94.3	94.8	100.0	0.018	0.049	1.02

4.2.1.3　坝址径流系列特性

石虎塘航电枢纽坝址多年平均径流深达 828.9mm，坝址控制流域内径流量比较丰富。但径流年内分配不均匀，汛期连续 5 个月（3 月~7 月）径流量占全年径流量的比重达 65.6%，其中又以 6 月份最大，占全年径流量的 18.6%；10 月至翌年 2 月为枯水期，其连续 5 个月径流量仅占年径流量的 19.8%，其中 12 月份径流量最小，占全年径流量的 3.1%。

表 4.4　石虎塘坝址设计代表年月平均流量表

Tab. 4.4　The average flow of typical year in Shihutang

时间	1992—1993 年 (P=10%)			1982—1983 年 (P=25%)			1990—1991 年 (P=50%)			1966—1967 年 (P=75%)			1986—1987 年 (P=90%)		
	流量1	流量2	流量3	流量1	流量2	流量3	流量1	流量2	流量3	流量1	流量2	流量3	流量1	流量2	流量3
3 月	4211	4211	4211	1344	1344	1344	1019	1019	1019	457	457	457	1027	1027	1027
4 月	3335	3335	3335	1343	1343	1343	2659	2659	2659	1420	1420	1420	1620	1620	1620
5 月	3041	3041	3041	2370	2370	2370	1376	1376	1376	1180	1180	1180	1174	1174	1174
6 月	2743	2743	2743	2777	2777	2777	1867	1867	1867	3396	3396	3396	2036	2036	2036
7 月	2682	2384	2301	1233	977	850	927	940	688	1311	1015	932	1127	828	744
8 月	902	902	902	891	854	891	1308	1188	1167	544	544	544	490	503	490
9 月	820	820	820	706	777	789	1573	1399	1570	348	420	432	385	392	412
10 月	439	454	465	516	726	787	717	713	722	400	403	419	265	307	321
11 月	376	430	450	806	807	809	659	669	674	305	361	377	369	355	370
12 月	354	428	443	859	867	882	408	551	583	311	368	383	253	304	318
1 月	409	449	474	1188	1188	1188	550	570	604	254	362	386	183	270	286
2 月	282	397	409	2026	2029	2029	457	569	591	637	637	637	156	269	287
全年	1642	1642	1642	1332	1332	1332	1126	1126	1126	877	877	877	758	758	758
备注	流量1为石虎塘坝址天然流量，流量2为考虑受万安水库初期运行影响的石虎塘坝址流量，流量3为考虑受万安水库最终规模运行影响的石虎塘坝址流量；表中流量单位为 m³/s。														

从表 4.4 可看出，设计丰水年（1992—1993 年）、设计偏丰年（1982—1983 年）、设计平水年（1990—1991 年）、设计偏枯年（1966—1967 年）和设计枯水年（1986—1987 年）等 5 个设计代表年的年平均流量分别为 $1\,640\,\mathrm{m^3/s}$、$1\,330\,\mathrm{m^3/s}$、$1\,130\,\mathrm{m^3/s}$、$877\,\mathrm{m^3/s}$ 和 $758\,\mathrm{m^3/s}$，可供水量分别为 $517.2 \times 10^8\,\mathrm{m^3}$、$419.4 \times 10^8\,\mathrm{m^3}$、$356.4 \times 10^8\,\mathrm{m^3}$、$276.6 \times 10^8\,\mathrm{m^3}$ 和 $239.0 \times 10^8\,\mathrm{m^3}$，石虎塘水库多年平均入库流量为 $1\,150\,\mathrm{m^3/s}$，水库的多年平均可供水量 $361.7 \times 10^8\,\mathrm{m^3}$。若考虑万安水库的调蓄作用，虽然年可供水量不变，但其水量在年内的分配则不相同，有万安水库调蓄时，万安水库蓄水时石虎塘水库可供水量减少，在枯水季节，万安水库放水时石虎塘水库可供水量增加，详见表 4.5。

表 4.5　石虎塘坝址考虑有万安水库调蓄时
比天然状态增加的各月平均流量表

Tab. 4.5　The increased average flow of Shihutang under the influence of Wanan

时间	1992—1993 年 ($P=10\%$)		1982—1983 年 ($P=25\%$)		1990—1991 年 ($P=50\%$)		1966—1967 年 ($P=75\%$)		1986—1987 年 ($P=90\%$)	
	万安初期运行	万安最终运行	万安初期运行	万安最终运行	万安初期运行	万安最终运行	万安初期运行	万安最终运行	万安初期运行	万安最终运行
3 月	0	0	0	0	0	0	0	0	0	0
4 月	0	0	0	0	0	0	0	0	0	0
5 月	0	0	0	0	0	0	0	0	0	0
6 月	0	0	0	0	0	0	0	0	0	0
7 月	-298	-381	-256	-383	13	-239	-296	-379	-299	-383
8 月	0	0	-37	0	-120	-141	0	0	13	0
9 月	0	0	71	83	-174	-3	72	84	7	27
10 月	15	26	210	271	-4	5	3	19	42	56
11 月	54	74	1	3	10	15	56	72	-14	1
12 月	74	89	8	23	143	175	57	72	51	65

续表 4.5

时间	1992—1993 年 (P = 10%)		1982—1983 年 (P = 25%)		1990—1991 年 (P = 50%)		1966—1967 年 (P = 75%)		1986—1987 年 (P = 90%)	
	万安初期运行	万安最终运行	万安初期运行	万安最终运行	万安初期运行	万安最终运行	万安初期运行	万安最终运行	万安初期运行	万安最终运行
1 月	40	65	0	0	20	54	108	132	87	103
2 月	115	127	3	3	112	134	0	0	113	131
全年	0	0	0	0	0	0	0	0	0	0

4.2.2　河道地质及水质分析

4.2.2.1　河道地质情况

赣江蜿蜒曲折，自南往北流经石虎塘航电枢纽工程所在区域。赣江流域地势总体呈周高中低，自南向北，由边及里徐徐倾斜，边缘低山丘陵环绕，地形切割深度一般数十米至百余米。赣江河谷平缓开阔，河床宽数百米至千余米，漫滩遍布。两岸大部分分布有一、二级不对称阶地，后期多受冲沟侵蚀切割，局部形成波状丘陵。区内植被较好，第四系覆盖层较厚，次级支流水系较发育。不良物理地质现象主要表现为第四系地层组成的河岸坍塌，多见于河流凹岸，一般规模较小。

石虎塘航电枢纽工程坝址附近河道弯曲，为漫滩型宽浅河谷，河床宽 1 150 m，枯水期水面宽约 400 m，主流位于右侧。左岸为宽400～800 m 的高漫滩，后接宽约 10 km 二级阶地，阶面高程一般62.0～67.0 m。右岸为宽 300～500 m 的一级阶地，阶面高程一般52.0～56.0 m，阶地后缘接宽度不一的二级阶地，仅坝址上、下游约300 m 范围内接白垩系红层组成的低山丘陵，其顶部高程 75.0～83.0 m，向北东方向扩展为低山岗丘。石虎塘坝址上游约 100 m 处的右岸有一切割深度 5～6 m 的冲沟，一级阶地较宽广，宽约 4 km。两岸阶地前缘因受汛期洪水冲刷及风浪淘蚀影响，均有不同程度的塌岸现象，其中右岸较突出。其余不良物理地质现象不发育。

4.2.2.2 水质现状

赣江中游河道内主要为地表水，地下水比重极小，因此，此处只评价地表水水质现状。为了评价工程涉及区河段水质情况，委托吉安市环境保护监测站在 2007 年 3 月进行了水质监测。结合工程特点，共设置了 6 个断面，进行水质监测。见表 4.6。

监测结果表明：各监测断面所监测的各项指标均满足《地表水环境质量标准》（GB3 838～2002）Ⅱ类标准，区域内水质较好，监测结果见表 4.7。

表 4.6 地面水环境现状监测断面与采样点位

Tab. 4.6 The monitoring reachesand sampling points of water environ ment on ground surface

编号	监测断面	执行标准	采样点位	备注
1#	水库回水末端上游 100 m	《地表水环境质量标准》（GB3838～2002）中Ⅲ类标准		
2#	泰和县城排污口下游 1 000 m	《地表水环境质量标准》（GB3838～2002）中Ⅲ类标准	在断面主流线及距左、右岸边 5 m 处各布设一条取样垂线，在水面下 0.5 m 处取样，分别分析。	同步测量监测断面河宽、河深、流速等。
3#	狗子脑取水口上游 100 m	《地表水环境质量标准》（GB3838～2002）中Ⅱ类标准		
4#	坝址上游 200 m	《地表水环境质量标准》（GB3838～2002）中Ⅲ类标准		
5#	坝址下游 1 000 m	《地表水环境质量标准》（GB3838～2002）中Ⅲ类标准		
6#	万合排涝闸下游 100 m	《地表水环境质量标准》（GB3838～2002）中Ⅲ类标准		

表 4.7　地表水监测结果

Tab. 4.7 The results of ground - surface water environ ment monitoring

监测项目	监测日期	监测结果					
		SW1 水库回水末端上游 100 m	SW2 泰和县城排污口下游 1 000 m	SW3 狗子脑取水口上游 100 m	SW4 坝址上游 200 m	SW5 坝址下游 1 000 m	SW6 万合排涝闸下游 100 m
水温 (℃)	2007.3.13	16	15.9	16.1	16.2	16.2	16.1
	2007.3.19	16.2	16.1	16	16	16.2	16.1
PH	2007.3.13	7.12	7.04	7.18	7.16	7.2	7.19
	2007.3.19	7.08	6.99	7.16	7.18	7.16	7.19
悬浮物	2007.3.13	25	29	27	26	28	26
	2007.3.19	26	31	25	27	29	28
高锰酸盐指数	2007.3.13	2.03	2.85	2.17	2.25	2.46	2.51
	2007.3.19	2.09	2.98	2.19	2.15	2.42	2.46
五日生化需氧量	2007.3.13	1.3	1.2	2.7	1.4	1	1.6
	2007.3.19	1.5	1.3	2	1.3	1.1	1.4
溶解氧	2007.3.13	7.7	7.67	7.38	7.4	7.41	7.38
	2007.3.19	7.72	7.39	7.72	7.68	7.43	7.34
氨氮	2007.3.13	0.168	0.178	0.097	0.127	0.116	0.083
	2007.3.19	0.162	0.168	0.096	0.122	0.116	0.088
石油类	2007.3.13	0.001_L	0.001_L	0.001_L	0.001_L	0.001_L	0.001_L
	2007.3.19	0.001_L	0.002	0.001_L	0.001_L	0.001_L	0.001_L
汞	2007.3.13	0.000005_L	0.000005_L	0.000005_L	0.000005_L	0.000005_L	0.000005_L
	2007.3.19	0.000005_L	0.000005_L	0.000005_L	0.000005_L	0.000005_L	0.000005_L
挥发酚	2007.3.13	0.002_L	0.002_L	0.002_L	0.002_L	0.002_L	0.002_L
	2007.3.19	0.002_L	0.002_L	0.002_L	0.002_L	0.002_L	0.002_L
总磷	2007.3.13	0.02	0.02	0.01	0.01	0.01	0.01
	2007.3.19	0.02	0.02	0.01	0.01	0.01	0.02

续表4.7

监测项目	监测日期	监测结果					
		SW1 水库回水末端上游100 m	SW2 泰和县城排污口下游1 000 m	SW3 狗子脑取水口上游100 m	SW4 坝址上游200 m	SW5 坝址下游1 000 m	SW6 万合排涝闸下游100 m
六价铬	2007.3.13	0.004	0.004	0.004 $_L$	0.004 $_L$	0.004 $_L$	0.004 $_L$
	2007.3.19	0.004	0.004 $_L$	0.004 $_L$	0.004 $_L$	0.004 $_L$	0.004 $_L$
粪大肠菌群	2007.3.13	9 400	7 900	200	500	200	200
	2007.3.19	9 400	7 900	200	500	200	200

4.2.2.3 河道内生态用水量特征

石虎塘航电枢纽工程是一座以航运为主，兼有发电等综合效益的航电枢纽工程。其工程用水在基本不影响现状其他用水户用水和满足河道内生态用水最低要求条件下，首先应满足航运用水要求，再由电站发电取用。石虎塘航电枢纽工程航运用水与过坝运量和船闸规模有关，其用水过程较平稳；而石虎塘航电枢纽工程电站用水过程取决于石虎塘坝址以上来水量及其电站的装机规模，即根据石虎塘坝址来水情况尽可能取用，以充分利用水资源。由于石虎塘坝址来水年内年际间分配不均，加之石虎塘电站要与万安电站联合调度为江西电网调峰，其用水过程波动较大。但为了满足坝址下游的航运要求，根据工程调度运行方式，强迫泄放航运基流，最小泄放流量不得小于187 m³/s。

4.2.2.4 污染源现状

根据现场调查，在坝址至回水末端38.19 km河段内，有泰和县县城和沿溪镇2个排污口。县城排污口废水性质主要是生活污水，污水中主要污染因子为COD，浓度按300 mg/L计，沿溪排污口废水性质主要是工业废水，根据2006年实测资料COD浓度值为341.4 mg/L。2006年废水排放总量约1 520.54万t/a，其中生活污水

571.15 万 t/a、工业废水 949.39 万 t/a。污染物排放量详见表4.8。

表4.8　各排污口污染物排放量

Tab. 4. 8　The quantitative of pollutants with each drain

排污口名称	污水流量	废污水量	污染物浓度	废水性质
	m³/s	10⁴ m³/a	COD（mg/L）	
县城排污口	0.181	571.15	300.0	生活
沿溪镇排污口	0.301	949.39	341.4	工业

4.3　工程影响江段鱼类资源现状研究

4.3.1　材料与方法

应用 GPS 定位系统，测定各调查点的经纬度、高度；记录各样点水体的酸碱度、温度等；鱼类物种多样性调查和研究方法及物种鉴定依据有关文献[133-137]；采用 Microsoft Excel 2003 和 SPSS 13.0 软件进行数据处理、分析及制图。

4.3.1.1　鱼类区系研究

2009 年至 2010 年，在研究区域不同河段主要集镇设置站点，采集鱼类标本，主要采样点为钟家、石虎塘、沿溪、澄江（见图4.3），通过渔船和农贸市场购得鱼类标本，现场做好各种标本的生物学性状测量和记录，进行分类鉴定。

4.3.1.2　鱼类资源量研究

采取社会捕捞渔获物统计分析，结合现场调查取样进行鱼类资源量的评估；并参考沿河行政区渔业历史和现状资料进行比较分析，得出各河段主要捕捞对象及其在渔获物中所占比重，不同捕捞渔具渔获物的长度和重量组成等鱼类资源数据。

图4.3　泰和江段地理位置及采样点

Fig. 4.3　Location of the Taihe reach and sample collected sites

4.3.1.3　鱼类"三场"研究

采用查阅历史文献、问卷调查等方式，走访沿河渔民、渔业部门和主要捕捞人员，并结合沿河鱼类产卵的历史记录，了解不同季节鱼类主要集中地和鱼类种群组成，结合鱼类生物学特性和水文学特征，分析鱼类产卵场、索饵场和越冬场"三场"分布情况，揭示水利工程引起的水情变化，对产卵场的影响。

4.3.1.4 鱼类幼苗资源量研究

租用调查船在工程影响江段断面进行四大家鱼等鱼类早期资源调查。在采样断面江段两岸各设一个采样点，上午、下午各采集一次，每次采样持续时间 1h。采集网具为圆网，网口圆形，网口直径 0.5m，长 2m，网目 500μm，网口面积 0.196 m²。在网口处固定流速仪，用以测定过滤流量。采样时同时记录水位、水温、透明度等数据，流量数据由江西水文网上获取。漂流经过断面的卵苗总量及四大家鱼总量的计算，参照易伯鲁等（1988）的研究方法[167]。

4.3.2 结果与分析

4.3.2.1 渔业概况

泰和县沿赣江河段为赣江中游的范围。根据本次调查，泰和沿江渔业生产情况如下：共有 8 个渔业队，即马市大江村，沿溪松芫，沿溪铜锣、沿溪草坪、沿溪枫江、沿溪钟家、澄江渔业村、塘洲上棚村。共有渔业人口 900 人，其中专业渔村渔业人口 300 人，非专业渔村 600 人。拥有渔船 319 艘，其中专业渔船 119 艘，非专业渔船 200 艘。专业渔船 119 艘中，项目区内有 7 余艘，据调查，每艘渔船年捕捞鲜鱼 3t，产值 1~1.5 万元。按照专业渔船每船每年 1.5 万元收入，非专业渔船折半，每船每年 0.75 万元，总共每年捕捞产值为 328.5 万元。网具以刺网为主。捕捞种类以四大家鱼以及江河平原鱼类为主。

表 4.9 泰和县 2006—2010 年渔业总产量

Tab. 4.9 The fishery output of Taihe from 2006 to 2010

项目名称	2006 年	2007 年	2008 年	2009 年	2010 年
渔业总产量（t）	18 700	19 800	20 400	20 400	21 830

续表 4.9

项目名称	2006 年	2007 年	2008 年	2009 年	2010 年
捕捞总产量（t）	1 242	1 140	1 090	1 028	1 445
养殖总产量（t）	16 475	16 920	17 620	17 309	18 230

注：数据来源于江西省渔政局统计资料，捕捞及养殖总产量指鱼类。

4.3.2.2　主要经济鱼类产卵场

据文献记载和渔政部门的资料，石虎塘水利工程涉及的赣江段鱼类产卵场有 3 个，为泰和（澄江）、沿溪渡、百嘉下，其中百嘉下产卵场在淹没区尾端的上游，基本不在工程影响范围。2008 年，对工程影响范围产卵场进行现场调查，发现产卵场主要产卵鱼类为鲤、青鱼、草鱼、鳊、鳡鱼、银鲴、花鱼骨（*He mibarbus maculatus*）等。根据调查的亲鱼资源量和平均怀卵量进行估计，两产卵场的基本情况见表 4.9，主要产卵鱼类的产卵量见表 4.11 和表 4.12。

表 4.10　工程影响范围产卵场的基本情况

Tab. 4.10　The basic situation of spawing sites around the junction

产卵场名称	中心位置	长度（m）	面积（hm²）	主要产卵鱼类	总产卵量（10⁸粒）
泰和	E114°50′35. 03″ N26°46′59. 06″	2 100	118	草鱼、青鱼、银鲴、花鱼骨、鳊、鲤	1. 10
沿溪渡	E114°57′53. 60″ N26°48′27. 98″	2 300	126	青鱼、鲤、银鲴、草鱼	1. 01

表 4.11　泰和产卵场主要产卵鱼类及产卵量

Tab. 4.11　The main fishery and spawning quantity in Taihe

鱼种	产卵时间	资源量估测（t）	产卵量估测（10⁴粒/尾）	孵化率（%）
草鱼	4 月下旬至 6 月底	0. 89	3. 12	80. 9
青鱼	4 月下旬至 6 月底	0. 58	1. 98	78. 6
鲤	4 月至 6 月	0. 84	0. 96	65. 3

续表4.11

鱼种	产卵时间	资源量估测（t）	产卵量估测 （10^4粒/尾）	孵化率（%）
鳊	5月至6月	0.71	1.24	63.8
银鲴	3月至5月	1.34	1.64	71.4
花鱼骨	4月中下旬	0.82	2.08	60.8

表4.12　沿溪渡产卵场主要产卵鱼类及产卵量

Tab. 4.12　The main fishery and spawning quantity in Yanxidu

鱼种	产卵时间	资源量估测（t）	产卵量估测 （10^4粒/尾）	孵化率（%）
鲤	4月至6月	1.18	1.94	82.6
银鲴	3月至5月	1.56	2.24	86.3
草鱼	4月下旬至6月底	0.97	3.56	80.9
青鱼	4月下旬至6月底	0.86	2.38	78.6

4.3.2.3　采样点生态环境信息

赣江中游泰和江段4个调查点的主要生境因子如表4.13所示。各采样点间的海拔相差不大，河床底质以沙石为主，水体偏酸性，夏、冬两季水体温差较大。底栖动物种类组成以软体动物中的耳河螺（*Rivularia auriculata*）、河蚬（*Corbicula fluminea*）、铜锈环棱螺（*Bellamya aeruginosa*）、多瘤短沟蜷（*Semisulcospira peregrinorum*）和圆顶珠蚌（*Unio douglasiae*）为主，其中耳河螺密度达896个/m^2、生物量为1 681 g/m^2，铜锈环棱螺密度334个/m^2、生物量1 080 g/m^2，河蚬密度160个/m^2、生物量126 g/m^2[168]。

表4.13　泰和江段各采样点的相关生境信息

Tab. 4.13　Primary information on habitat of collecting sites in

the Taihe reach of Gan-River

调查样点	钟家	石虎塘	沿溪	澄江
东经	115°00′50.4″	114°59′52.2″	114°58′42.8″	114°54′33.5″

续表4.13

调查样点	钟家	石虎塘	沿溪	澄江
北纬	26°57′37.03″	26°54′31.9″	26°48′46.7″	26°46′48.7″
海拔(m)	50.0	52.4	57.1	58.9
pH值	5.8	6	6	5.6
水温(℃)(2月)	12.0	12.0	12.5	12.5
水温(℃)(7月)	31.0	31.0	31.0	31.0
水流	平缓	较急	较急	平缓
河床底质	泥沙	细沙、卵石	砂石	砂石
主要底栖动物	耳河螺、多瘤短沟蜷、河蚬、锯齿华溪蟹、日本沼虾	铜锈环棱螺、耳河螺、多瘤短沟蜷、河蚬	铜锈环棱螺、耳河螺、多瘤短沟蜷、圆顶珠蚌、中国尖峭蚌、河蚬	铜锈环棱螺、多瘤短沟蜷、背角无齿蚌、锯齿华溪蟹

4.3.2.4 渔获物分析

2009年2月1日至20日，从渔船和市场购买渔获物，分类鉴定，作常规生物学测量，每次采样结果分别见表4.14~表4.20。

表4.14 泰和县澄江渔获物统计（1）
Tab.4.14 The catch statistics of fishes in Chengjiang of Taihe（1）

种类	数量	体重(g)		体长(cm)	
		范围	均值	范围	均值
鲤	4	750 ~ 4 000	1 812.5±1 093.75	20.5 ~ 43.6	31.62±10.86
马口鱼	1	37.95		12.8	
中华花鳅	3	7.39 ~ 35.6	18.54±11.38	10.9 ~ 15.2	12.35±1.9
银飘	2	8.58 ~ 20.5	14.54±5.96	10.4 ~ 13.7	12.05±1.65
华鳈	3	14.61 ~ 37.02	23.04±9.32	9.2 ~ 10.9	9.95±0.63
银鮈	27	2.1 ~ 24.5	13.54±6.64	5.2 ~ 11.3	8.86±1.66

续表 4.14

种类	数量	体重（g）		体长（cm）	
		范围	均值	范围	均值
长身鳜	1	3.64		11.8	
花鱼骨	22	3.58 ～ 183.9	92.45 ± 40.14	12.5 ～ 21.2	16.88 ± 2.52
寡鳞鳎	2	11.6 ～ 20.2	15.9 ± 4.3	8.0 ～ 9.2	8.6 ± 0.6
吻鮈	5	1.9 ～ 5.41	3.70 ± 1.33	5.35 ～ 7.15	6.11 ± 0.61
鳊	4	140.56 ～ 260.25	164.17 ± 83.69	21.2 ～ 29.5	21.68 ± 1.48
黑鳍鳈	2	36.04 ～ 44.2	40.12 ± 4.08	11.9 ～ 12.2	12.05 ± 0.15
蛇鮈	3	85.61 ～ 93.7	90.67 ± 3.37	20.3 ～ 20.7	20.5 ± 0.13
大鳍鱊	2	29.01 ～ 36.2	32.61 ± 3.60	16.1 ～ 17.4	16.75 ± 0.65
光泽黄颡鱼	7	13.15 ～ 13.8	13.48 ± 0.33	10.8 ～ 10.9	10.85 ± 0.05
圆尾拟鲿	1	13.1		10.5	
银鮈	106	18.3 ～ 108.5	73.93 ± 37.09	10.4 ～ 17.3	14.93 ± 3.02

表 4.15　泰和县沿溪渔获物统计
Tab. 4.15　The catch statistics of fishes in Yanxi of Taihe

种类	数量	体重（g）		体长（cm）	
		范围	均值	范围	均值
鲤鱼	1	1 570		32.8	
鳜鱼	1	1 520		42.4	
银鮈	35	25.7 ～ 41.5	32.76 ± 3.35	11.5 ～ 13.2	12.46 ± 0.58

表 4.16　泰和县澄江渔获物统计（2）
Tab. 4.16　The catch statistics of fishes in Chengjiang of Taihe（2）

种类	数量	体重（g）		体长（cm）	
		范围	均值	范围	均值
鲤	3	400 ～ 2 500	1 383.3 ± 744.4	16.8 ～ 38.9	26.98 ± 9.96

续表 4.16

种类	数量	体重(g)		体长(cm)	
		范围	均值	范围	均值
鳌	3	69.9 ~ 98.6	82.83±10.51	16.3 ~ 18.6	17.4±0.8
中华花鳅	1	4.6		8.5	
红鳍鲌	19	42.4 ~ 111.0	88.32±18.37	14.8 ~ 19.6	18.04±1.30
大鳍鳠	7	4.28 ~ 190.00	88.58±53.36	8.3 ~ 36.3	22.93±7.32
光泽黄颡鱼	50	11.8 ~ 20.4	16.68±2.91	10.2 ~ 12.9	11.63±0.71
圆尾拟鲿	1	16.08		10.4	
蛇鮈	1	13.6		10.1	
银鮈	6	3.56 ~ 7.08	5.46±1.24	6.2 ~ 7.9	7.07±0.58
革条副鱊	1	14.4		8.6	
黄颡鱼	51	7.4 ~ 22.9	14.12±5.64	8.8 ~ 12.7	10.54±1.38
赤眼鳟	3	176.6 ~ 379.0	272.53±70.98	22.9 ~ 28.1	5.37±1.82
鲫	1	265.0		19.6	
鳊	3	200.0 ~ 255.0	222.33±21.78	22.5 ~ 24.5	23.27±0.82
翘嘴红鲌	2	13.15 ~ 13.8	13.48±0.33	10.8 ~ 10.9	10.85±0.05
鲇	2	85.8 ~ 155.0	112.42±34.58	22.4 ~ 28.3	25.35±2.95
银鲴	100	24.7 ~ 40.5	31.76±5.35	10.5 ~ 12.2	11.46±0.28

表 4.17 泰和县万和渔获物统计

Tab. 4.17 The catch statistics of fishes in Wanhe of Taihe

种类	数量	体重(g)		体长(cm)	
		范围	均值	范围	均值
鳊	1	168.48		21.7	
赤眼鳟	1	204.5		22.4	
翘嘴红鲌	2	110.5 ~ 215.0	162.75±52.25	21.25 ~ 27.3	24.28±3.03

续表 4. 17

种类	数量	体重(g)		体长(cm)	
		范围	均值	范围	均值
花鱼骨	3	49. 5 ～ 70. 5	57. 13 ± 8. 91	14. 1 ～ 15. 8	14. 7 ± 0. 73
银鲴	47	30. 2 ～ 136. 8	83. 5 ± 53. 3	12. 1 ～ 19. 4	15. 75 ± 3. 65

表 4. 18　泰和县澄江渔获物统计(3)

Tab. 4. 18　The catch statistics of fishes in Chengjiang of Taihe (3)

种类	数量	体重(g)		体长(cm)	
		范围	均值	范围	均值
银鮈	10	20. 16 ～ 26. 48	23. 28 ± 3. 28	9. 8 ～ 11. 2	10. 55 ± 0. 86
大眼鳜	3	13. 26 ～ 39. 4	25. 65 ± 9. 16	8. 4 ～ 12. 6	10. 23 ± 1. 58
长身鳜	4	10. 96 ～ 49. 11	25. 69 ± 11. 71	8. 4 ～ 14. 3	11. 25 ± 1. 53
银飘	27	3. 42 ～ 50. 32	21. 54 ± 15. 42	7. 5 ～ 18. 6	12. 53 ± 3. 72
赤眼鳟	11	170. 6 ～ 382. 4	279. 53 ± 72. 98	22. 6 ～ 28. 9	25. 62 ± 2. 62
鲤	8	1 260 ～ 2 500	1 750 ± 608. 9	31. 6 ～ 46. 2	40 ± 8. 32
鳊	6	80 ～ 200	148. 9 ± 65. 6	11. 9 ～ 15. 6	13. 8 ± 2. 49
鲫	11	18. 3 ～ 22. 9	20 ± 3. 6	10. 2 ～ 12. 6	11. 5 ± 0. 89
草鱼	6	400 ～ 1 800	1 108 ± 698. 5	35. 6 ～ 48. 9	42. 6 ± 6. 96
青鱼	3	750 ～ 1 000	867 ± 145. 7	38. 6 ～ 42. 9	40. 9 ± 2. 34
鲢	2	400 ～ 750	575 ± 175	28. 9 ～ 31. 8	30. 6 ± 1. 38
鳙	1	800		38. 6	
华鳈	1	40. 6		12. 8	
黄颡鱼	13	10. 8 ～ 21. 4	15. 68 ± 5. 91	10. 6 ～ 13. 2	11. 83 ± 1. 48
鳡鱼	1	1 750		49. 6	
蒙古红鲌	1	120. 7		28	
鲇	20	73. 4 ～ 143. 8	108. 56 ± 34. 96	21. 9 ～ 27. 8	24. 12 ± 3. 43
银鲴	300	33. 5 ～ 126. 7	86. 5 ± 43. 3	13. 1 ～ 18. 4	15. 65 ± 2. 65

表4.19　泰和县澄江渔获物统计(4)

Tab. 4. 19　The catch statistics of fishes in Chengjiang of Taihe (4)

种类	数量	体重(g)		体长(cm)	
		范围	均值	范围	均值
圆尾拟鲿	1	24.8		14.5	
细鳞斜颌鲴	1	183.5		22.5	
中华花鳅	1	13.38		11.9	
吻鮈	1	4.4		6.7	
圆吻鲴	1	492		28.8	
鳌	1	17.6		11.05	
寡鳞鳎	1	18.3		8.7	
蒙古红鲌	4	99.7 ～ 242	170.85±71.15	23 ～ 26.3	24.65±1.65
花鱼骨	2	16.8 ～ 27.6	22.2±5.4	10 ～ 12.65	11.33±1.33
似鳊	2	32.9 ～ 77.8	55.35±22.45	12 ～ 16.1	14.05±2.05
麦穗鱼	2	7.4 ～ 7.92	7.66±0.26	7.15 ～ 8.4	7.78±0.63
棒花鱼	3	9.76 ～ 11.04	10.59±0.56	8.0 ～ 8.5	8.2±0.2
青梢红鲌	3	16.5 ～ 18.1	17.53±0.69	11.3 ～ 11.9	11.63±0.22
华鳈	3	3.48 ～ 10.4	8.03±3.03	5.7 ～ 7.9	7.08±0.92
黄颡鱼	6	16.0 ～ 129.3	59.82±27.79	9.7 ～ 20.0	14.3±2.28
鲤	2	1 500 ～ 2 100	1 800±300	38.6 ～ 43.9	41.25±2.65
鳊	9	100 ～ 150	126.3±24.8	12.4 ～ 13.8	12.9±0.58
翘嘴鲌	2	80.5 ～ 120.0	100.25±19.25	18.3 ～ 21.9	20.1±1.8
赤眼鳟	1	214.5		23.4	
鳡鱼	1	5 000		8.3	
大眼鳜	8	12.26 ～ 38.4	25.35±11.16	7.4 ～ 11.6	9.23±1.98

表 4.20 总渔获物统计

Tab. 4.20 The total catch statistics of fishes

种类	数量 (尾)	占渔获物尾数总量的百分比 (%)	生活环境和习性	资源类型	分布
银鲴	618	58.69	水体中下层,以浮游生物为食	重要经济鱼类	工程范围江段均有分布
花鱼骨	27	2.56	流水或静水中下层主食水生昆虫及水蚯蚓及螺、蚬	重要经济鱼类	工程范围江段均有分布
黄颡鱼	70	6.65	静水或缓流底层,以水生昆虫、小鱼虾为食	具一定经济价值	工程范围江段均有分布
光泽黄颡鱼	57	5.41	江河和湖泊中下层,以水生昆虫、小鱼虾为食	具一定经济价值	工程范围江段均有分布
银鮈	43	4.08	缓流敞水区,以摇蚊类幼虫为食	具一定经济价值	工程范围江段均有分布
银飘	29	2.75	缓流或静水上层,以藻类水生植物和小鱼虾为食	具一定经济价值	工程范围江段均有分布
鳊	23	2.18	水体中下层,以蚯蚓、小虾等为食	重要经济鱼类	工程范围江段均有分布
鲇	22	2.09	水体底层,以蚯蚓、青蛙以及小型鱼类等为食	经济鱼类	工程范围江段均有分布
红鳍鲌	19	1.80	缓流或静水中上层,以小鱼、小虾和水生昆虫为食	重要经济鱼类	工程范围江段均有分布
鲤	18	1.71	流水或静水的下层,杂食性	重要经济鱼类	工程范围江段均有分布

续表 4.20

种类	数量（尾）	占渔获物尾数总量的百分比（%）	生活环境和习性	资源类型	分布
草鱼	6	0.57	江河、湖泊的中、下层和近岸多水草区域，以水生高等植物为食	重要经济鱼类	工程范围江段均有分布
青鱼	3	0.28	底层多螺蛳的较大水体中、下层，以螺蛳、蚌、蚬、蛤等软体动物为食	重要经济鱼类	工程范围江段均有分布
赤眼鳟	16	1.52	缓流中层，以藻类和水生高等植物为食	重要经济鱼类	工程范围江段均有分布
鲫	12	1.14	流水或静水的下层，杂食性	重要经济鱼类	工程范围江段均有分布
大眼鳜	11	1.04	流水中下层，以鱼、虾为食	重要经济鱼类	工程范围江段均有分布
华鳈	7	0.66	缓流中下层，以底栖无脊椎动物、着生藻类及植物碎屑为食	经济价值不大	工程范围江段均有分布
黑鳍鳈	2	0.19	流水或静水中下层，以底栖无脊椎动物和水生昆虫为食	经济价值不大	工程范围江段均有分布
大鳍鳠	9	0.85	流水下层，以底栖动物为食	具一定经济价值	工程范围江段均有分布
翘嘴鲌	6	0.57	流水或静水的下层，捕食小鱼和虾	重要经济鱼类	工程范围江段均有分布
鲢	2	0.19	水体的中上层，滤食性，主要吃浮游动物	重要经济鱼类	工程范围江段均有分布

续表 4.20

种类	数量（尾）	占渔获物尾数总量的百分比（%）	生活环境和习性	资源类型	分布
鳙	1	0.09	水体中层,滤食性,主要吃轮虫、枝角类、桡足类等浮游动物,也吃部分浮游植物	重要经济鱼类	工程范围江段均有分布
吻鮈	6	0.57	江河底层生活,主要以底栖的无脊椎动物为食	经济价值不大	工程范围江段均有分布
蒙古红鲌	5	0.47	水流缓慢河湾湖泊中上层,捕食小鱼和虾	重要经济鱼类	工程范围江段均有分布
中华花鳅	5	0.47	流水底栖,主食小型底栖无脊椎动物及藻类	具一定经济价值	工程范围江段均有分布
长身鳜	5	0.47	喜水体底质多石的清流水环境,以小鱼、小虾、水生昆虫等为食	重要经济鱼类	工程范围江段均有分布
寡鳞鱎	3	0.28	淡水底层,摄食藻类	经济价值不大	工程范围江段均有分布
蛇鮈	4	0.38	江河、湖泊的中下层,主要摄食水生昆虫或桡足类,同时也吃少量水草或藻类	经济价值不大	工程范围江段均有分布
鳘	4	0.38	缓流散水区或静水中在上层觅食水生昆虫和藻类	具一定经济价值	工程范围江段均有分布
圆尾拟鲿	3	0.28	静水或缓流底层,以水生昆虫、小鱼虾为食	具一定经济价值	泰河县城江段均有分布
鳡鱼	3	0.28	水体中上层,以其他鱼类为食	重要经济鱼类	工程范围江段均有分布

续表 4.20

种类	数量（尾）	占渔获物尾数总量的百分比（%）	生活环境和习性	资源类型	分布
棒花鱼	3	0.28	缓流底栖，主食小型底栖无脊椎动物	经济价值不大	泰河县城江段均有分布
青梢红鲌	3	0.28	栖息在湖湾水深1米左右，捕食小鱼和虾	重要经济鱼类	泰河县城江段均有分布
麦穗鱼	2	0.19	江河、湖泊、池塘等水体的浅水区，主食浮游动物	经济价值不大	泰河县城江段均有分布
似鳊	2	0.19	水流缓慢河湾湖泊中上层，以着生藻类为食，亦食高等植物的碎片，偶尔吃一些枝角类、桡足类及甲壳动物	重要经济鱼类	泰河县城江段均有分布
马口鱼	1	0.09	多生活于山涧溪流中，尤其是在水流较急的浅滩，底质为砂石的小溪或江河支流中，以小鱼和水生昆虫为食	具一定经济价值	泰河县城江段均有分布
圆吻鲴	1	0.09	栖息于江、河的中下层，刮食石上着生藻类和植物碎片	经济鱼类	泰河县城江段均有分布
细鳞斜颌鲴	1	0.09	水体中、下层，以浮游生物为食	经济鱼类	泰河县城江段均有分布
革条副鱊	1	0.09	为低海拔缓流、具水草底质的水域或沟渠间栖息的小型鱼类，主要以附着性藻类、浮游动物及水生昆虫等为食	经济价值不大	泰河县城江段均有分布
总计	1 053	100			

4.3.2.5 工程影响河段鱼类的种类

据文献记载[98,99]，赣江鱼类共有118种，隶属11目22科74属，其中以鲤科鱼类为主，占总种数的58.5%，其次为鮠科9.3%，鳅科5.9%，鱼旨科5.1%，鳀科、银鱼科、鮨科、塘鳢科、鰕鱼科、斗鱼科和鳢科等各占1.7%，其余11科共占9.3%。赣江鲤科鱼类中，以鮈亚科和鲌亚科最多，各占23.2%，其次是雅罗鱼亚科和鳊鲌亚科，各占14.4%，鲃亚科占8.7%，鲴亚科占7.3%，鲤亚科、鳅鉈亚科和鲢亚科各占2.9%。赣江鱼类中，不少是我国江河平原区的特产鱼类，如青鱼、草鱼、鲢、鳙、鳡、鳊、鲂、鲌、银鲴、黄尾鲴、细鳞斜颌鲴及银飘鱼等。118种鱼类中有国家一级保护动物中华鲟，海洋与内河洄游性鱼类有鳗鲡，鲥鱼，刀鲚（*Coilia ectenes*），弓斑东方鲀等，从本次调查和历年的资料表明，在工程区河道内，已经没有这些洄游鱼类存在了。

本次调查共采集鱼类标本5 763尾，共记录鱼类48种（见表4.20），隶属于3目6科39属，其中以鲤科鱼类最多，共35种，占总种数的72.92%；鳅科2种，占4.17%；鮨科1种，占2.08%；鮠科5种，占10.42%；鮨科4种，占8.33%；鳢科1种，占2.08%，没有发现有国家重点保护动物（鱼类）和其他珍稀鱼类（包括鲥鱼）。鱼类组成如表4.21所示。

表4.21 石虎塘航电枢纽工程影响河段鱼类名录

Tab4.21 The list of the fish species in the project reach of Shihutang hydro – junction

种类名称	资源量
一、鲤形目 Cypriniformes	
I. 鲤科 Cyprinidae	
1）鱼丹亚科 Danioninae	
1. 马口鱼 *Opsariichthys bidens*	＋＋
2. 宽鳍鱲 *Zacco platypus*	＋＋

续表 4.21

种类名称	资源量
2）雅罗鱼亚科 Leuciscinae	
3. 青鱼 *Mylopharyngodon piceus*	+
4. 草鱼 *Ctenopharyngodon idella*	+ +
5. 赤眼鳟 *Squaliobarbus curriculus*	+ + +
6. 鳡 *Elopichthys bambusa*	+
3）鲢亚科 Hypophthalmichthyinae	
7. 鳙 *Aristichthys nobilis*	+
8. 鲢 *Hypophthalmichthys molitrix*	+
4）鲤亚科 Cyprininae	
9. 鲤 *Cyprinus carpio*	+ + +
10. 鲫 *Carassius auratus*	+ + +
5）鲌亚科 Cultcrinae	
11. 红鳍原鲌 *Culterichthys erythropterus*	+ +
12. 达氏鲌（青梢红鲌）*Culter dabryi*	+
13. 翘嘴鲌 *Culter alburnus*	+ +
14. 蒙古鲌 *Culter mongolicus*	+ +
15. 银飘鱼 Pseudolaubuca sinensis	
16. 鳊 *Parabramis pekinensis*	+ + +
17. 鳘 Hemiculter leucisculus	+
18. 大眼华鳊 *Sinibrama macrops*	+
6）鲴亚科 Xcnocyprinae	
19. 银鲴 *Xenocypris argentea*	+ + +
20. 细鳞斜颌鲴 *Xenocypris microlepis*	+ + +

续表 4.21

种 类 名 称	资 源 量
21. 圆吻鲴 *Distoechodon tumirostris*	+ +
22. 似鳊 *Pseudobrama simoni*	−
7）鱊鲏亚科 Achcilognathinae	
23. 寡鳞鱊 *Acheilognathus hypselonotus*	+ +
24. 革条副鱊 *Paracheilognathus himantegus*	
25. 越南鱊 *Acheilongnathus tonkinensis*	+
8）鮈亚科 Gobioninae	
26. 麦穗鱼 *Pseudorasbora parva*	+
27. 银鮈 *Squalidus argentatus*	+ + +
28. 棒花鱼 *Abbottina rivularis*	+
29. 吻鮈 *Rhinogobio typus*	+
30. 蛇鮈 *Saurogobio dabryi*	+ + +
31. 花鱼骨 *Hemibarbus maculatus*	+ + +
32. 华鳈 *Sarcocheilichthys sinensis*	+
33. 黑鳍鳈 *Sarcocheilichthys nigripinnis*	−
9）鳅鮀亚科 Gobiobotinae	
34. 宜昌鳅鮀 *Gobiobotis ichangensis*	−
10）野鲮亚科 Labeoninae	
35. 东方墨头鱼 Garra orientalis	
II. 鳅科 Cobitidae	
1）沙鳅亚科 Botiinae	
36. 花斑副沙鳅 *Parabotia fasciata*	−
2）花鳅亚科 Cobitinae	

续表 4.21

种类名称	资源量
37. 中华花鳅 Cobitis sinensis	+ +
二、鲇形目 Siluriformes	
Ⅲ. 鲇科 Siluridae	
38. 鲇 Silurus asotus	+ +
Ⅳ. 鲿科 Bagridae	
39. 黄颡鱼 Pelteobagrus fulvidraco	+ + +
40. 光泽黄颡鱼 Pelteobagrus nitidus	+ + +
41. 粗唇鮠 Leiocassis crassilabris	+
42. 圆尾拟鲿 Pseudobagrus tenuis	
43. 大鳍鳠 Mystus macropterus	+ +
三、鲈形目 Perciformes	
Ⅴ. 鮨科 Serranidae	
44. 鳜 Siniperca chuatsi	+ + +
45. 斑鳜 Siniperca scherzeri	+ + +
46. 大眼鳜 Siniperca knerii	+ +
47. 长身鳜 Coreosiniperca roulei	+
Ⅵ. 鳢科 Channidae	
48. 乌鳢 Channa argus	+

＊ "－"表示罕见，"＋"表示偶尔可见，"＋＋"表示较常见，"＋＋＋"表示数量多

4.3.2.6 渔类资源分析

赣江中游是天然渔类主要产区，鱼类资源丰富。鱼类特点是经济鱼种类较多，占总数的80%以上。石虎塘航电枢纽工程影响范围内常见的重要经济鱼类有：银鲴、花鱼骨、鲤、鲫、鳊、鳡鱼、乌鳢、

青鱼、草鱼、赤眼鳟、鲇、鳜、鲢、鳙等。其中草食性鱼类，如草鱼、鳊，赤眼鳟和以底栖无脊椎动物为食的鲤、青鱼、鲇、银鲴，及凶猛性鱼类鲌、鳜等为优势种群。

珍稀、洄游鱼类，赣江 20 世纪 80 年代前曾有过达氏鲟（Acipenser dabrganus）、白鲟（Psephurus gladius）和胭脂鱼（Myxocyprinus asiaticus）的记载，近年已极少见到。也曾有洄游鱼类鳗鲡（Anquilama japonica）、刀鲚（Coilia ectenes）的记载，近年来，根据渔民反映，渔政部门的监测及本研究开展的现场调查，这些洄游性鱼类都基本绝迹。

4.4　讨　论

4.4.1　石虎塘航电枢纽工程对水文、地质及水质影响预测

4.4.1.1　水库水质预测分析

工程建成后，由于石虎塘水库调节性能差，且为日调节，建库后库区水质与天然河道状态的水质总体相差不大。但建坝后由于库区河段内水文情势发生变化，主要是因雍水使水位抬高、过水断面增大、水深增加、泥沙淤积、流速减缓所致，从而影响水体中污染物的稀释、扩散及降解过程，有可能形成近岸水域污染带比天然状况变宽缩短的现象；同时，由于水体的沉降能力加强，库区上游输送的营养物质会滞留在库内，从而导致库区水体营养化程度发生变化。

4.4.1.2　水库富营养化分析

水库形成后，受各种因素的影响，营养物质易在水库中富集，其中氮、磷是水库富营养化最重要的营养物质。当水体中磷和无机氮达到一定浓度，水体就处于"富营养化状态"，此时水体中藻类和其他水生生物异常繁殖，水体混浊，透明度降低，导致阳光入射强度和深度降低，溶解氧减少，大量的水生生物死亡，就可能使水库出现

"藻化"，使水生生态系统受到严重破坏。

本工程总磷浓度预测结果为 < 0.014 mg/L，属中等营养化水平，本水库调节性能为日调节，水库水体年内替换次数较多，可以认为，石虎塘水库总体不会出现富营养化现象，但受水库对陆域中植被等有机体的淹没，有机质残体中营养物质将释放进入水库水体中，不排除在水库蓄水后的 2—3 年内，在水库的库汊部分水流缓慢的局部水域可能出现一定的水质富营养化现象。

4.4.1.3　对水温的影响

水库建成后，库区河道水位抬升，流速减缓，水库水温结构也将发生变化。水库水温结构一般分为分层型和混合型。石虎塘水库为低水头河床式，调节性能差，库容系数仅为 0.023%，水库运行为日调节，运行期水库水温不会出现分层现象，对水库水体水温状态无影响。评价区河段整体水温不会发生变化，与天然状态下情况基本一致。

4.4.1.4　对下游河道水质的影响

水库建成运行后对下游河道水质的影响，取决于水库下泄水的水质状况和坝下径流的调节程度。如前所述，库区水体水质不会有明显的改变，其下泄水水质可维持在现状水平。由于电站按日调节运行，水库建成运行后，没有减少水库下游河道的日均径流量，对水库下游河道的日纳污能力不会产生大的不利影响。

4.4.1.5　对水文情势的影响

赣江为降水补给河流，在天然情况下，受降水影响夏季来水量大、水位高，冬季来水量小、水位低，且年内差异较大。

石虎塘水库为河道型水库，当泄洪闸下闸蓄水至正常蓄水位 56.5 m 满足航运、发电要求时，库内平均水深增加，水位比天然条件下明显抬高，库区水域面积达 29.2 km²，为天然河道常水位下水域面积的 2 倍，本水库有 847 × 10⁴ m³ 的调节库容，虽调节库容小，但有一定的调节能力。工程运行后，库区河段内水体容积增大，流速将减缓。因此，石虎塘航电枢纽工程的运行将对库区内河段及其下游河段水文情势产生一定影响。

4.4.1.6　对泥沙情势的影响

赣江植被良好，水土流失不甚严重，属少沙河流，其泥沙主要来源于雨洪对表土的侵蚀。据吉安、峡江站近 50 年实测泥沙资料分析，赣江中游河段水流中含沙量少，悬移质泥沙的颗粒不大，其悬移质泥沙年际年内变化规律与径流基本一致，丰水丰沙，枯水少沙，泥沙主要集中在主汛期 4 月 ~6 月，该时期的输沙量约占全年的 65%。经对万安建坝蓄水前和蓄水后赣江中游河段河流泥沙变化的分析比较后，并经初步预测未来该河段水流泥沙的变化趋势，估算得石虎塘坝址多年平均悬移质输沙量为 $372 \times 10^4 t$，多年平均推移质输沙量为 $55.8 \times 10^4 t$，多年平均总输沙量为 $428 \times 10^4 t$。

石虎塘航电枢纽工程的泄流（洪）闸底高程为 47.0 m，很低，几乎与原河床同高，因此，本枢纽工程的泄洪闸有利于排沙。另外，本枢纽工程的调度运行方式是由上游来水流量指示泄洪闸的开启度：当坝址来水流量超过 $4\,700\,\mathrm{m^3/s}$ 时，泄洪冲沙闸全部开启泄洪排沙；当坝址来水流量在 $2\,520 \sim 4\,700\,\mathrm{m^3/s}$ 之间时，泄洪冲沙闸部分开启泄洪排沙；只有当坝址来水流量小于 $2\,520\,\mathrm{m^3/s}$ 时，泄洪冲沙闸才全部关闭挡水，满足航运和发电要求，此时水中的含沙量极小，且泥沙颗粒很细。

从工程总体布置和运行调度方式以及本水库类型看，水流形态较天然情况变化相对较小，尤其是在来沙量较大的汛期，由于泄洪冲沙闸泄流能力大且全部开启鼎力泄洪冲沙而基本未改变水流形态和水力要素，而且本河流的泥沙颗粒较细，泥沙不易在水库末端落淤，且大部分坝址上游来沙均可随水流排出水库。因此，石虎塘航电枢纽工程的运行对赣江的泥沙情势影响较小。

4.4.2 石虎塘航电枢纽工程对鱼类资源及其生态环境影响预测

4.4.2.1 施工期对鱼类资源及其产卵场的影响

施工期将使枢纽所在局部河段的底栖生物遭到彻底的破坏，结合对石虎塘底栖生物现状的调查结果，底栖生物平均生物量 $76.4\,g/m^2$，按影响面积 10^4 亩估算得到施工期损失底栖生物约 $5.24\,t$。

此外，由于挖砂机械搅动，使得河底淤泥和细砂悬混上浮，在作业区内产生一条羽状浑浊带，将对生物造成一定的影响，其中尤以底栖生物为最。采砂作业所激起的悬浮泥沙经过二次沉降后将掩埋挖泥区两侧的底栖生物，恶化其固有的栖息环境，除活动能力较强的底栖生物逃往他处外，部分种类如蚌类等将难以存活。

由于枢纽施工区水质的变化，浮游生物、底栖动物等饵料生物量的减少，改变了原有鱼类的生存、生长和繁衍条件，鱼类将择水而迁移到其他地方，施工区域鱼类密度将有所降低。

工程主要的水上施工作业活动都集中在枢纽区。2 个产卵场均位于枢纽施工区上游，且距离较远（10 km 以上），虽然水上施工如围堰、基坑开挖及围堰拆除等对施工区的水质、浮游生物和底栖动物等存在一定的影响，但由于施工区远离产卵场，且施工期不实施断流。因此，施工期对产卵场的影响不大。

4.4.2.2 运行期对鱼类资源及其产卵场的影响

（1）水温作用

石虎塘水利枢纽属河道型水库，全长约 38 km，库区蓄水后，水库正常蓄水位 56.5 m，水库回水长约 38.19 km，坝址控制集水面积 43 770 km²，总库容 6.32 亿 m³。坝前水深 9.8 m 左右，库区中部为 6.3 m，上游万安附近为 2.24 m 左右，平均水深 5.2 m。多年平均流量为 1 150 m³/s，多年平均年径流量 362.9 亿 m³。

其水温结构，按密度福汝德数（F），若 F 小于 $1/\pi$，预期将出现分层现象，反之，则不分层。密度福汝德数可用下式确定。

$$F = 320 \cdot \frac{L}{D} \cdot \frac{Q}{V}$$

式中：L—水库长度（km）；

　　D—平均水库深度（m）；

　　Q—通过水库的泄流量（m^3/s）；

　　V—总库容（亿m^3）

即：$F = 320 \times (83/5.2) \times (1\,150/6.32) = 9.29$

　　验算结果，F 为 9.29，大于 $1/\pi$，因此石虎塘水利枢纽的水温结构为混合型。

　　另据库水替换次数的指标 a（等于年总入流量/水库总库容）作大致判断。当 $a < 10$ 时，该水库为稳定的分层型；当 $a > 20$ 时，则为混合型。

　　石虎塘枢纽总库容达 6.32 亿m^3，年径流量 362.9 亿m^3，库水替换系数 $a = 362.9/6.32 = 57.4$，a 值大于 20，可见该库水交换频繁，其水温结构为混合型，若电站取水层在 15 m 以下，预计下汇水的水温将会偏低，对坝下产卵场将有一定影响。希望有关部门引起注意。

　　本工程水库水温结构为混合型，与天然状态相差不大，水温作用对鱼类资源影响较小。

　　（2）水位作用

　　一般情况下，枢纽建成蓄水后，库区水流显著减缓，水位抬高，水的深度增加，光照往往达不到底层，使着生藻类和水生植物难以生长，底栖无脊椎动物也相应地减少。相反，浮游生物大量滋生，种群数量增加，为摄食浮游生物的鱼类提供肥育场所。同时，水位抬高后，将淹没大量水草，影响黏性卵的附着，这对产粘性卵的鱼类会有很大影响。

　　对坝下江段，一些喜流水生活和繁殖的鱼类，由于水库蓄洪后，流速和水位得不到满足，产卵将受到严重威胁，尤其四大家鱼和鲴鱼的产卵场所会受到一定程度的破坏。因此，石虎塘水利枢纽在鱼类产卵期，必须按建坝前的流量溢洪，使上述鱼类能顺利产卵。否则，这些鱼类产卵环境将消失。

（3）泥沙作用

库区蓄水后，悬浮的泥沙大量沉积，将使透明度显著提高，入射的光量多，植物生长茂盛，植食性动物也相应增多。在沿岸浅水区和消落区，则有一些挺水植物和着生的丝状藻生长，可供草鱼、鳊和赤眼鳟等植食性鱼类摄食。残余的植物淹没腐烂后，将为水体提供大量营养物质。坝下江段由于河水含沙量的降低，底栖生物滋生。石虎塘枢纽下大多是砂石底，预计该区将生长大量的着生藻类和丝状藻类，还有较丰富的底栖生物。另有少量泥沙质底，可能生长眼子菜等水草，并有蚌、蚬和摇蚊幼虫等。所以坝下江段食底栖生物的鱼类将会显著增多。

（4）大坝阻隔作用

枢纽建成后，库区的家鱼产卵场将会转移，原在坝上的青鱼、草鱼、鲢、鳙可能到上游支流另找适宜的场所进行产卵繁殖。但孵出的鱼苗，漂流到坝下，可能会受到机械损坏或氮气过饱和的危害而大量死亡，即使成活下来，受大坝阻隔无法回到上游补充群体资源。但在坝下江段，上述鱼类的数量可能比以前增加。其他经济鱼类，如鲤、鲫、鳊、鲂、细鳞斜颌鲴、翘咀红鲌、蒙古红鲌和鳜鱼等将在库区大量繁殖，成为水库的优势种群，在坝下亦将是主要的渔获对象。喜急流生活的刺鲃、花鱼骨等上移支流中栖息。

（5）氮气过饱和作用

氮气过饱和是由于水流通过溢洪道或泄水闸冲泻到消力池时，产生巨大的压力并带入大量空气所造成。特别是梯级水电枢纽汇洪更为严重。过饱和气体经过一定流程，逐渐释放而恢复平衡。因此，由库区随水下汇或坝下一定距离内的鱼苗，将会受到氮气过饱和的危害，产生"气泡病"而死亡。石虎塘水利枢纽同样会产生类似情况。应引起设计部门的重视。

（6）对赣江干流家鱼繁殖的影响

赣江是四大家鱼等鱼类主要的栖息繁殖地之一。家鱼产卵场具有一定的地貌水文特点，每年 4 月～7 月，当水温达到 18℃以上时，家鱼便集中在产卵场进行繁殖，产卵规模与涨水的流量增加量和洪水持续时间相关。当一个大的洪水到来时，产卵的数量多，而一次小的洪水，则产卵量很少，或不进行繁殖。这种适应于赣江径流自然变化过程的繁殖习性，是四大家鱼物种所固有的生物学特性。泰和段赣江主要产卵的鱼类天然产卵场曾经有二处，为泰和（澄江）、沿溪渡。

枢纽建成之后，一些适应于敞水面生活的鱼类，种群数量会有了很大发展。在坝下江段，虽然大坝的兴建，对流域经济鱼类的繁殖和生长带来了某些不利的影响，但是对鱼类越冬和某些种类的肥育都是有利的。随着时间的推移，它们已逐渐适应这种改变了的环境，并能在坝下完成其生殖、摄食、生长和越冬等生活周期的各个环节，各自维持一定的种群。可见，兴建大坝，虽改变了原河道的生态环境，并使一些分布广泛的经济鱼类只能生活于被隔离的水体中，但它们能分别在各自的生活环境中繁殖和生长，并保持一定的种群数量。

（7）对产卵场的影响

石虎塘航电枢纽建成后，将改变上、下游的水位、水温、水的流速等水文因子，使得泰和（澄江）、沿溪产卵场的原有生态条件发生变化。

在自然状态下，一次涨水过程是在几天或更多时间内完成，流量每时每刻递增，并形成陡峭的洪峰，然后逐渐减少流量，达到水量相对平稳。家鱼往往在涨水一天左右开始产卵，此后，如果江水不继续上涨或涨幅不大，产卵活动便停止。在中游江段，5、6 月份家鱼繁殖量占整个繁殖季节的 70%～80%。电站建成后，这一时期内家鱼的繁殖将受到的影响。

泰和（澄江）、沿溪产卵场的原有生态条件发生改变，将会给二处产卵场造成较大的生物损失，从而影响某些鱼类在此产卵、孵化、生长。这将对此流域经济鱼类资源量带来了不利影响。按照营运期造成此二处产卵场的消失这一最不利情况进行估算，根据现场用浮游生物网采集鱼卵和仔鱼以及渔民的经验：仔鱼损失量 = 总卵量×孵化率（10%）×成活率（10%），估计营运期造成的最大鱼卵、仔鱼损失量见表4.22。

表4.22 营运期最大鱼卵、仔鱼损失量估算成果表

Tab. 4.22 The biggest loss of fish spawn fish and fry fish during operation

产卵场	鱼类	营运期最大鱼卵损失量（万粒）	营运期最大仔鱼损失量（万尾）
泰和	青鱼	2 050.42	20.5
	草鱼	2 283.84	22.84
	鳊	862.11	8.62
	花鱼骨	851.34	8.51
	鲤	1 032.08	10.32
	银鲴	2 720.21	27.2
	小计	9 800	97.99
沿溪	青鱼	2 277.02	22.77
	草鱼	2 568.27	25.68
	鲤	2 124.29	21.24
	银鲴	3 130.42	31.3
	小计	10 100	100.99

（8）对洄游鱼类的影响

建库后，因库坝具有阻隔作用，一些洄游和半洄游性鱼类不能上溯到上游繁殖后代。四大家鱼具有江湖间洄游的习性，建坝后阻隔了鱼类洄游的通路，使家鱼的天然资源受到影响，泰和、沿溪等地因水流变缓不利产卵；离库区较近的产卵场由于流程短，使漂浮性和半浮性的鱼卵在漂流孵化过程中过早流入库内静水中，影响了发育；即使有少部分随着水流下泄也难以承受巨大能量的冲击不能成活，电站建成后将进一步加剧这种影响。鱼道的设置可减缓因大坝阻隔对洄游和半洄游性鱼类的影响。

4.4.3 石虎塘航电枢纽工程影响下鱼类资源的保护

4.4.3.1 修建过鱼设施

过鱼设施不仅是洄游性鱼类穿越大坝、上溯产卵的人工辅助通道，也可作为协助大坝上游的亲体或幼鱼下行的设施。石虎塘航电枢纽工程中已考虑设置鱼道，对保护水生生物中的洄游鱼类将起到积极的作用。

4.4.3.2 制定科学的调水方式

四大家鱼等产漂流性卵鱼类产卵繁殖需要有相应的涨水刺激，现行水库调度方式围绕防洪、发电、灌溉、供水、航运等综合利用效益，主要分为防洪调度与兴利调度两大类，未能或较少考虑鱼类繁殖活动。因此水利调度时，需要根据四大家鱼繁殖生物学特性，运用先进的调度技术和手段，创造四大家鱼繁殖所需水文水力学条件的人造洪峰过程，才会对四大家鱼等产漂流性卵鱼类产卵场的保护与恢复产生良好的效果。

4.4.3.3 加强鱼类种质资源保护

增殖放流是减缓水利工程不利影响，恢复天然渔类资源的重要措施，它可以增加经济鱼类渔类资源中低、幼龄鱼类数量，扩大群体规模，储备足够量的繁殖亲体后备群体，在一定程度上解决天然鱼类资源量不足的问题。同时在产漂流性卵的关键栖息地如重要产卵场、越冬场和索饵场划定鱼类功能区，并选择重要的功能区建立保护区。

4.4.3.4 加强基础科学研究

加强鱼类的生物学和生态学研究，研究其种群动态及其与环境变化的互动关系，以了解保护鱼类资源变化的关键因子并开展相关的恢复生态学研究。

4.4.3.5 加强渔政管理，设立禁渔期

为了保护和恢复赣江鱼类资源，借鉴鄱阳湖禁渔期的成功经验，

加强渔政管理，建议每年4月1日至6月30日设立禁渔期。

4.5　本章小结

本章简要介绍了石虎塘航电枢纽工程建设情况，并就该工程对赣江水域生态环境的影响进行了调研，重点分析了工程建设引起的水文情势变化对工程江段鱼类资源及其生物多样性的影响。

调查中共采集鱼类标本5 763尾，记录鱼类48种，隶属于3目6科39属，其中以鲤科鱼类最多，共35种，占总种数的72.92%，鳅科2种，占4.17%；鲇科1种，占2.08%；鮠科5种，占10.42%；鮨科4种，占8.33%；鳢科1种，占2.08%。

研究结果显示，石虎塘航电枢纽工程的建设将对所涉水域鱼类及其生态环境带来以下影响：

（1）工程影响范围内常见的重要鱼类有：银鲴、花鱼骨、鲤、鲫、鳊、鳜鱼、乌鳢、青鱼、草鱼、赤眼鳟、鲇、鳜、鲢、鳙等。其中草食性鱼类，如草鱼、鳊，赤眼鳟和以底栖无脊椎动物为食的鲤、青鱼、鲇鱼、银鲴，及凶猛性鱼类鲌、鳜等为优势种群。渔获物统计结果：银鲴、黄颡鱼、银鲴、赤眼鳟、鳊、鲇分别占渔获物总量的58.69%、6.65%、4.08%、1.52%、2.18%、2.09%，认为此格局系受万安水利枢纽影响，使处在万安坝下的泰和江段由于河水含沙量的降低，底栖生物滋生，食底栖生物的鱼类增多，预测石虎塘航电枢纽工程运行后的一段时间内，随着河流生态环境向水库生态环境转变，此种格局将更加明显。

（2）受工程影响洄游鱼类将继续减少。

（3）因上、下游的水位、流速等水文因子的改变，使得泰和（澄江）、沿溪产卵场的原有生态条件发生变化，将会给2处产卵场造成较大的生物损失，从而影响某些鱼类在此产卵、繁殖。工程建成后，其位置和规模将继续发生变化，甚至可能导致此2处产卵场的消失。

第5章　峡江水利枢纽对鱼类及其生态环境的影响

5.1　峡江水利枢纽工程概况

5.1.1　流域概况

峡江水利枢纽工程位于赣江中游峡江县老县城巴丘镇上游约6 km处，坝址控制集水面积为62 710 km²。峡江水利枢纽工程库区位于赣江中游吉安市神岗山至峡江坝址之间河段，地理位置为东经114°59′~115°08′、北纬27°04~27°31′之间，河段全长约64 km。工程位置见图5.1。

在吉安市神岗山至峡江坝址库区之间有众多中小支流汇入，主要支流有（从上游至下游）：集水面积为360 km²的支流文石河、集水面积为3 911 km²的支流乌江、集水面积为120 km²的支流柘塘水（社下水）、集水面积为972 km²的支流同江、集水面积为317 km²的支流曲江（住歧水）和集水面积为287 km²的支流黄金江。

峡江水利枢纽工程位于赣江中游干流河段上，赣江在拟建的峡江坝址附近穿过江西省著名的吉泰盆地。峡江库区位于吉泰盆地东部，属吉泰盆地的组成部分。沿江两岸阶地发育，一般宽200~500 m，有的达1 000 m以上；直接汇入赣江的支流较多，其中集水面积1 000 km²以上的有乌江、禾水等，大的还有同江河、燕坊水和柘塘水（集水面积分别为978 km²、361 km²和120 km²）。这些支流中上游坡降大，下游因受赣江顶托形成冲积河谷平原，长度一般为1千米至数千米，有的达到近20 km（如同江河下游区），形成赣江两岸河谷平原与宽谷浅丘相间的地形地貌。

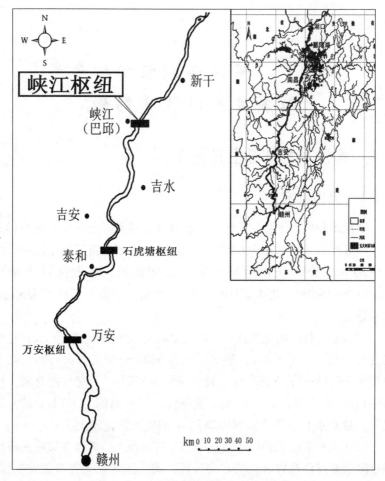

图 5.1 峡江水利枢纽工程位置图

Fig. 5.1 The position of Xiajiang hydraulic project

　　工程涉及的峡江县、吉水县、吉安县、青原区和吉州区共 5 个县区，2007 年总人口 165.9 万人，其中农业人口 116.4 万人，2007 年全年实现生产总值 153.86 亿元，第一产业增加值为 32.39 亿元，第二产业增加值为 66.37 亿元，第三产业增加值为 55.1 亿元；年末实有耕地总面积 176.91 万亩，粮食总产达 126.96 万吨，农民人均年纯收入为 4 225 元。据调查，若在库区内不设防护措施，峡江库区淹没范围涉及三县两区 19 个乡（镇），淹没人口 10.27 万人（含吉水县城区人口），淹没耕地 10.13 万亩。

5.1.2　工程性质及作用

峡江水利枢纽工程是一座具有防洪、发电、航运、灌溉等综合利用目标的水利枢纽工程。枢纽建成后：在赣江发生大洪水时，利用闸坝及其库容拦蓄洪水，为下游防洪；峡江电站利用闸坝所形成的坝上与坝下水流落差及赣江的来水进行发电，缓解江西省电力系统用电的紧张状况；枯水期利用闸坝抬高水位，增加坝址上游的航道水深，改善通航条件；并利用闸坝抬高的水位和水库存蓄的水量为坝址下游沿江两岸耕地提供自流灌溉条件和充足的灌溉水源。

峡江水库主要的防洪保护对象是赣江下游的赣东大堤保护区和南昌市城区，本工程利用坝址上游来水和大坝上下游水流落差进行发电，利用大坝抬高水位渠化坝址上游航道，并保证下游的航运基流，通过闸坝两端的取水口直接从水库中取水灌溉，灌溉耕地面积 32.95 万亩。其综合利用效益具体表现在以下几个方面：

（1）防洪方面。经合理调度和水库调节，可使坝址下游的南昌市昌南城区和昌北主城区的防洪标准由 100 年一遇提高到 200 年一遇，赣东大堤和南昌市昌北单独防护的小片区防洪堤由抗御 50 年一遇洪水提高到抗御 100 年一遇洪水。库区防护工程实施后，吉水县城防洪堤的防洪标准可提高到 50 年一遇，其他防护区防洪堤的防洪标准可提高到 20 年一遇。

（2）发电方面。峡江电站装机容量 360 MW，多年平均发电量 11.57×10^8 kW·h，保证出力 44.35 MW，可缓解江西省电力系统用电的紧张状况。

（3）航运方面。可渠化峡江库区航道 77 km（坝址至赣江干流 CS39 断面），使之能畅通航行千吨级船舶，并增加坝址下游枯水期流量，提高航运保证率。

（4）灌溉方面。从水库引水至峡江县、新干县、樟树市 18 个乡（镇、场）辖区内 32.95 万亩农田进行灌溉，新增灌溉面积 11.6 万亩，改善灌溉面积 21.26 万亩，为该区域提供可靠的水量保障，促进农业生产的稳步发展。

5.1.3 工程建设规模

峡江水利枢纽工程规模基本选定为：水库正常蓄水位 46.0 m，死水位 44.0 m，防洪高水位 49.0 m，设计洪水位 49.0 m，校核洪水位 49.0 m；防洪库容 6.0×10^8 m^3，调节库容 2.14×10^8 m^3，水库总库容 11.87×10^8 m^3；电站安装 9 台水轮发电机组，装机容量 360 MW，多年平均发电约 11.4×10^8 kW·h；通航过坝设施按 Ⅲ 级航道过 1 000 t 级船舶的单线单级船闸考虑，闸室尺寸为 180 m×23 m×3.5 m（长×宽×门槛水深）；灌溉耕地面积 32.95 万亩；另外，为了减少淹没损失，对库区内的同江、金滩、樟山、柘塘等 7 片区域采取工程防护措施，防护工程堤线总长 70.36 km（不包括吉水县城），排涝站装机容量 12 659 kW，导排沟（渠）总长 42.10 km。

峡江水利枢纽工程校核洪水位时总库容 11.87 亿 m^3；电站装机容量 360 MW；船闸设计最大吨位 1 000 t。根据 GB50201～94《防洪标准》和 SL252～2000《水利水电工程等级划分及洪水标准》及 JTJ305～2001《船闸总体设计规范》的规定，按水库库容属 Ⅰ 等工程，按电站装机属 Ⅱ 等工程，按船闸规模为 Ⅲ 等。依据 SL252～2000 第 2.1.2 条规定"对综合利用的水利水电工程，当按综合利用项目的分等指标确定的等级指标的等别不同时，其工程等别应按其中最高等别确定，所以本工程属 Ⅰ 等工程。工程建设主要包括枢纽工程和库区防护工程，枢纽工程主要建筑物有泄水闸、船闸、发电厂房和两岸土石坝段，库区防护工程主要有堤防、电排站、导托排水工程等。

主要建筑物有：

（1）泄水闸

为了减少水库淹没损失，满足防洪调度要求，有利泄洪及排沙，尽可能缩小溢流前沿宽度，便于河床枢纽布置，经过计算共需 18 孔泄水闸，泄水闸采用混凝土平底泄水闸，每孔净宽 16 m，堰顶高程 30.0 m，与河床基本持平，泄水闸与厂房一起几乎占满整个河床。经比较底流消能及面流消能两种消能型式，采用底流消能。

（2）左右岸接头坝

泄水闸与船闸之间，厂房、船闸与岸坡的连接坝（包括门库坝段）为简化连接构造，经经济、技术比较采用混凝土重力坝。

（3）发电厂房及开关站

厂房采用河床式布置，全长 276.8 m，由主厂房、安装间和副厂房三部分组成。主厂房机组间距 22.2 m，内装 9 台单机容量为 4.0 MW 的灯泡式贯流水轮发电机组，总装机容量 360 MW。安装间位于主厂房的右侧，布置在右岸的台地上，电站设备采用水平进厂方式，下游侧采用防洪墙挡水，安装间与进厂公路连通。副厂房布置在主厂房的下游侧，共分三层，通过电梯和楼梯进入。副厂房顶部布置主变压器。220 kW 升压站布置于尾水管上，室内 GIS 室布置在右侧回车场下游，总面积 560 m^2。

（4）通航建筑物

船闸为单线单级船闸，布置于左岸，采用曲线进闸、直线出闸运行方式，主要由船闸主体段、上下游引航段、口门区和连接段组成，上下游方向全长约 2 630 m，采用曲进直出方式。闸室有效长度 180 m，净宽 23.0 m，采用第一类分散输水系统，引航段布置有导航段、停泊段，引航道底宽 60.0 m。

（5）灌溉进水口

为满足左右岸灌区输水需要，两岸连接坝段设坝内式灌溉进水口，孔口尺寸为 4 m×3 m，设闸门控制。

（6）基础处理

根据地勘资料和建筑物布置要求，建基面多为弱风化，岩体质量及物理力学性质较好，构造简单，不需作特殊处理，其透水率 < 5 Lu，且两岸坝肩地下水位较高，不存在绕坝渗流问题，故不设帷幕

灌浆和排水，仅对坝基进行固结灌浆处理。坝基范围内断层构造岩采用回填砼、固结灌浆、混凝土拱（梁）处理。

（7）安全监测设计

本枢纽主要监测项目有：变形监测、渗流监测、应力应变及温度监测、环境量监测。

（8）鱼道

鱼道位于枢纽右岸砼重力坝段，选择横隔板式鱼道，鱼道宽3.0m，鱼道水池长3.6m，设计水深2.0m，鱼道总长615.0m。

峡江水利枢纽工程特性表见表5.1。

表5.1 峡江水利枢纽工程特性表

Tab. 5.1 The features of Xiajiang hydraulic project

序号	名称	单位	数量	备注
一	水文			
1	流域面积	hm^2		
	赣江流域面积	km^2	80 948	
	坝址以上	km^2	62 710	
2	利用水文系列年限	a	55	
3	多年平均年径流量	$10^8 m^3$	517.5	
4	代表性流量			
	多年平均流量	m^3/s	1 640	
	实测最大流量	m^3/s	19 900	1968 年 6 月 26 日
	最小流量	m^3/s	147	1968 年 1 月 19 日
	调查历史最大流量	m^3/s	21 400	1915 年
	设计洪水标准及流量（$P=0.2\%$）	m^3/s	29 100	
	校核洪水标准及流量（$P=0.05\%$）	m^3/s	32 800	

续表5.1

序号	名称	单位	数量	备注
	施工导流标准及流量（$P=5\%$）	m^3/s		
5	洪量			
	设计洪水洪量：			
	72h	$10^8\ m^3$	70.06	
	168h	$10^8\ m^3$	143.56	
	校核洪水洪量			
	72h	$10^8\ m^3$	79.39	
	168h	$10^8\ m^3$	163.7	
6	泥沙			
	多年平均悬移质年输沙量	$10^4 t$	563.4	
	多年平均悬移质含沙量	kg/m^3	0.151	峡江水文站
	实测最大断面平均悬移质含沙量	kg/m^3	1.86	峡江水文站
	多年平均推移质年输沙量	$10^4 t$	30.8	
二	工程规模			
（一）	水库			
1	水库水位			
	校核洪水位（$P=0.05\%$）	m	49.3	
	设计洪水位（$P=0.2\%$）	m	49.3	
	正常蓄水位	m	46	
	防洪高水位（$P=0.5\%$）	m	49.3	
	汛期限制水位	m	45	
	死水位	m	44	

续表 5.1

序号	名称	单位	数量	备注
	枯水期运行最低水位	m	44	
2	正常蓄水位时水库面积	km^2	119	
3	回水长度	km	54.3	
4	水库容积			
	总库容（校核洪水位以下库容）	10^8 m^3	14.53	
	调洪库容（校核洪水位至汛限水位）	10^8 m^3	8.65	
	防洪库容（防洪高水位至汛限水位）	10^8 m^3	8.65	
	调节库容（正常蓄水位至死水位）	10^8 m^3	2.14	
	共用库容（正常蓄水位至汛限水位）	10^8 m^3	1.14	
	死库容（死水位以下）	10^8 m^3	4.88	
5	库容系数	%	0.41	
6	调节特性			季调节
7	水量利用系数	%	89.5	发电用水
8	下泄流量及相应水位			
	校核洪水位时最大下泄流量	m^3/s	32 800	
	相应下游水位	m	47.56	
	设计洪水位时最大下泄流量	m^3/s	29 100	
	相应下游水位	m	46.71	
	20 年一遇洪水时最大下泄流量	m^3/s	19 700	
	10 年一遇洪水时最大下泄流量	m^3/s	17 400	
	枯水期调节流量（$P=90\%$）	m^3/s	448	
	水库最小泄量	m^3/s	221	满足下游通航要求

5.1.4　工程调度及运行方式

5.1.4.1　水库调度运用规则

　　峡江水库的运用调度遵循先考虑坝址上下游及大坝本身的防洪安全,再满足发电、航运、灌溉等用水要求的原则进行。按照峡江水利枢纽工程的开发任务顺序及其取水特点,充分考虑该工程的综合利用功能,经分析,拟定其水库调度运用规则为:当坝址流量小于等于防洪兴利运行分界流量时,水库在正常蓄水位至死水位之间运行,进行径流调节;当坝址流量大于防洪兴利运行分界流量且小于等于防洪控泄起始流量时,水库降低水位运行,减少库区淹没;当坝址流量大于防洪控泄起始流量且库水位低于防洪高水位时,水库下闸拦蓄洪水,控制下泄流量为下游防洪;当库水位达到防洪高水位且洪水继续上涨时,泄洪闸门全部开启,敞泄洪水,以保闸坝安全,但应控制其下泄流量小于本次洪水的洪峰流量[169]。

5.1.4.2　运行分界流量与相应水位

　　经分析比较,峡江水利枢纽工程可行性研究阶段初选坝址 5 000 m³/s 流量、吉安站 4 730 m³/s 流量为峡江水库防洪与兴利运行分界流量,初选坝址 20 000 m³/s、吉安站流量为 19 190 m³/s 为防洪控泄起始流量。

　　经分析,初选坝址 5 000 m³/s（4 730 m³/s）、9 000 m³/s（8 590 m³/s）、12 000 m³/s（11 480 m³/s）、14 500 m³/s（13 890 m³/s）流量为峡江水库降低水位运行分界流量,峡江水库降低水位运行分界流量与相应限制水位关系见表 5.2。

表 5.2　峡江水库降低水位运行分界流量与相应限制水位关系表

Tab. 5.2　The relationship between separation flow and limite water in Xiajiang reservoir

坝址流量（m³/s）	5 000 ~ 9 000	900 ~ 12000	12000 ~ 14 500	14 500 ~ 20 000
吉安站流量（m³/s）	4 730 ~ 8 590	8 590 ~ 11 480	11 480 ~ 13 890	13 890 ~ 19 190
相应坝前水位（黄海·m）	46.0 ~ 45.2	45.2 ~ 44.4	44.4 ~ 43.8	敞泄洪水

5.1.4.3 水库运用调度方案

峡江水利枢纽工程的运用调度方案分洪水调度和兴利调度两种运行方式。当坝址上游来水大于防洪兴利运行分界流量时进入洪水调度运行方式，否则，进行兴利调度运行方式。本设计初选峡江水库具体的运用调度方案如下。

（1）洪水调度运行方式

当坝址来水流量小于 20 000 m³/s 时，水库不拦蓄洪水，超过发电机组过流能力的水量，开启泄洪闸下泄，将坝前水位维持在汛限水位或以下。

当坝址来水流量大于等于 20 000 m³/s 且库水位低于防洪高水位 49.3 m 时，依据峡江坝址上游来水流量和坝址至石上站区间来水情况按峡江水库的洪水调度规则控制下泄流量，为下游防洪。

当库水位达到防洪高水位 49.3 m 时，开启全部泄洪闸敞泄洪水，以保大坝安全，但最大下泄流量不应大于本次洪水的洪峰流量。

（2）兴利调度

当坝址流量小于等于 5 000 m³/s（吉安站流量为 4 730 m³/s）时，峡江水库水位控制在正常蓄水位（46.0 m）至死水位（44.0 m）之间运行，按照江西电网的供电需求、坝址上游的航运要求和农田灌溉用水要求进行兴利调度。为了充分利用水力资源，在满足各部门的兴利用水要求的前题下，尽可能使库水位维持在较高水位上运行，以利多发电。本电站考虑坝址下游的航运、城镇居民生活和工农业用水要求，最小下泄流量不小于 221 m³/s，相应的基荷出力为 27 MW。

5.2 工程影响江段水文、地质及水质现状

5.2.1 工程影响江段水文情势分析

5.2.1.1 气象

本工程地处江西省中部腹地，属亚热带湿润气候，东亚季风区，

春夏梅雨多，秋冬降雨少，春秋季较短，冬夏季较长，春寒夏热，秋凉冬冷，结冰期短，无霜期及日照时间长，相对湿度大，四季变化明显。

流域内多年平均降水量 1 400 ~ 1 800 mm 之间，降水量年内分配很不均匀，4 月 ~6 月多年平均降水量占全年降雨的 41% ~51%；流域内各站实测多年平均蒸发量为 1 294 ~ 1 765 mm，多年平均气温 17.2℃ ~ 19.4℃ 之间，极端最高气温 41.6℃，极端最低气温 - 14.3℃；多年平均风速 1.1 ~2.9 m/s；多年平均日照小时数 1 628 ~ 1 875 h；多年平均无霜期 252 ~285 d。

5.2.1.2　水文

峡江水利枢纽位于赣江中游。赣江为鄱阳湖水系第一大河，赣江下游控制水文站外洲站以上集水面积 8.09 ×10^4 km^2，占江西省总面积的 48.5%。峡江坝址控制流域面积 6.27 ×10^4 km^2，占外洲站（赣江下游控制水文站）以上集水面积的 77.5%。

坝址处多年平均径流量约 517.5 × 10^8 m^3，多年平均流量 1 640 m^3/s，多年平均径流模数 26.19 L/km^2 · s，多年平均径流深 826.4 mm，径流量比较丰富；但年际年内变化较大，最大年（2 590 m^3/s）是最小年（527 m^3/s）的 4.91 倍，年内汛期 5 个月（3 月 ~7 月）径流量占全年的比例达 67.6%，枯水期（10 月至翌年 2 月）径流量仅占年径流量的 20%。

赣江流域除上游支流平江水土流失较严重外，其他地方植被良好，水土流失不甚严重，属于少沙河流。坝址处多年平均总输沙量为 594.2 ×10^4 t，其中悬移质输沙量 563.4 ×10^4 t，推移质输沙量 30.8 × 10^4 t。

5.2.1.3　坝址径流系列特性

依据峡江水利枢纽坝址径流成果可知，坝址多年平均径流深达 834.6 mm，说明坝址控制流域内径流量比较丰富。但从坝址 1953—

2002 年共 50 年径流系列中又可看出，坝址径流的年际年内变化较大。最大年平均流量为 2 590 m³/s（1975 年），其次为 2 520 m³/s（1973 年），最小年平均流量为 527 m³/s（1963 年），最大年平均流量是最小年平均流量的 4.91 倍。径流年内分配也不均匀，汛期连续 5 个月（3 月～7 月）径流量占全年径流量的比重达 67.6%，其中又以 6 月份最大，占全年径流量的 19.1%，10 月至翌年 2 月为枯水期，其连续 5 个月径流量仅占年径流量的 19.2%，其中 12 月份及 1 月份径流量最小，各占全年径流量的 3.11%，最大月平均流量 8 240 m³/s（1962 年 6 月）是最小月平均流量的 175 m³/s（1958 年 12 月）的 47.1 倍。

5.2.1.4　泥沙

（1）水库泥沙淤积分析

峡江水利枢纽工程的泄流（洪）闸底高程为 30.0 m，几乎与原河床同高，因此，本枢纽工程的泄洪闸有利于排沙。

赣江属少沙河流。赣江流域河流泥沙主要来源于雨洪对表土的侵蚀，库区上游流域内总体植被良好，但局部地区因人类对自然资源的不合理利用，森林植被遭破坏，加剧了水土流失，库区上游具一定的固体径流来源，但上游已建有万安水库，可起一定拦蓄作用。据我院水文泥沙分析成果，本梯级间赣江水流含砂量小、颗粒细，以悬移质泥沙为主，坝址多年平均输沙量为 594 万吨/年，50 年库内淤积体积约 1.60×10^8 m³，约占总库容 11%。本设计分析计算得峡江坝址多年平均悬移质输沙量为 563.4×10^4 t，推移质输沙量为 30.8×10^4 t，汛期来沙占全年沙量的 84.4%。据多年平均排沙比法分析估算，峡江水库运行 50 年泥沙在库内的淤积量为 2.08×10^8 t，若泥沙容重取 1.3 t/m³，则可得 50 年泥沙在库内的淤积体积为 1.60×10^8 m³。

峡江水库为河道形水库，水流形态较天然情况变化相对较小，而且本河流的泥沙颗粒较细，泥沙不易在水库末端落淤。但峡江水库回水长，泥沙又不易运行到坝前，运行到坝前的泥沙又因枢纽工程的泄流闸底高程低、有利于排沙而被水流带往坝下。因此，水库末端和坝前泥沙淤积较少。

（2）泥沙的颗粒级配

据吉安站 1970—1987 年共 18 年的悬移质泥沙颗粒分析资料可知，峡江水库悬移质泥沙的颗粒不大，实测最大粒径为 1.02mm，平均粒径 0.049mm，中数粒径 0.018mm，粒径小于 0.10mm 的悬移质泥沙占悬移质总沙量的 83.3%。峡江坝址（吉安站）多年平均悬移质泥沙颗粒级配见表 5.3。

表 5.3　峡江坝址（吉安站）多年平均悬移质泥沙颗粒级配表

Tab.5.3　The annual average suspended sediment particl gradation of Xiajiang

粒径级（mm）	0.007	0.010	0.025	0.050	0.100
平均小于某粒径沙重百分数	30.5%	37.9%	55.0%	68.3%	83.3%
粒径级（mm）	0.250	0.500	1.000	2.000	
平均小于某粒径沙重百分数	91.1%	94.3%	94.8%	100.0%	
中数粒径（mm）	平均粒径（mm）	最大粒径（mm）		
0.018	0.049	1.02		

5.2.2　河道地质及水质概况

峡江水库正常蓄水位 46m 方案的水库回水末端在吉安市青原区天玉镇汤家埠村（赣 CS25，水位 49.84m，$P=20\%$），距吉安市井冈山大桥下游约 3.92km，水库末端回水长 53.46km，库区有距坝址约 43km 的吉水县城。经调查，本库区主要有吉水县城和库尾吉安市区取水口、排污口。

经吉安市环境监测站和吉安市水环境监测中心水质监测监测成果表明，区域水质为Ⅱ类，符合水环境功能区划的要求。表 5.4 为 2002 年赣江吉安段地表水监测结果统计表。

另外还有沿江两岸的农村居民及牲畜的日常生活污水和农田面源，主要污染物为有机类污染物。

表 5.4　2002 年赣江吉安段地表水监测结果统计表

Tab. 5.4　The results of surface water environment monitoring in 2002 of Jian inGan River

断面名称	项目	pH值	溶解氧	高锰酸盐指数	BOD5	氨氮	挥发酚	石油类	氧化物	砷	汞	六价铬	铅	镉
赣江神岗山	浓度范围	7.11~7.14	6.2~10.7	1.20~2.58	0.2~1.0	0.078~0.148	0.001~0.002	0.010~0.027	0.002	0.004	0.00002	0.002	0.01	0.001
	最高值出现月	10	2	4	6	12								
	水质类别	I	I~II	I~II	I	I	I~II	I	I	I	I	I	I	I
禾河余家河	浓度范围	7.19~7.94	5.7~10.7	1.80~3.28	0.6~1.3	0.060~0.096	0.001~0.003	0.010~0.013	0.002	0.004	0.00002	0.002	0.01	0.001
	最高值出现月	12	2	4	6	10								
	水质类别	I	I~III	I~II	I	I	I~III	I	I	I	I	I	I	I
赣江大港口	浓度范围	7.25~7.70	5.8~9.4	0.90~2.40	0.6~2.0	0.040~0.160	0.001	0.01	0.002	0.004	0.00002	0.002	0.01	0.001
	最高值出现月	12	2	4	6	10								
	水质类别	I	I~III	I~II	I	I~II	I	I	I	I	I	I	I	I
赣江石油库	浓度范围	7.23~7.69	6.0~10.4	1.20~2.50	0.3~1.4	0.060~0.154	0.001~0.003	0.01	0.002	0.004	0.00002	0.002	0.01	0.001
	最高值出现月	12	2	2	2	2	10							
	水质类别	I	I~II	I~II	I	I~II	I~III	I	I	I	I	I	I	I

续表 5.4

断面名称	项目	pH值	溶解氧	高锰酸盐指数	BOD5	氨氮	挥发酚	石油类	氰化物	砷	汞	六价铬	铅	镉
恩江吉水大桥	浓度范围	7.24~7.90	6.2~10.6	1.51~3.54	0.5~1.2	0.050~0.154	0.001~0.002	0.01	0.002	0.004	0.00002	0.002	0.01	0.001
	最高值出现月		2	4	6	6	2							
	水质类别	I	I~II	I~II	I	I	I~II	I	I	I	I	I	I	I
赣江峡江	浓度范围	7.18~7.83	6.2~10.1	1.50~3.02	0.2~1.6	0.051~0.136	0.001	0.010~0.026	0.002	0.004	0.00002	0.002	0.01	0.001
	最高值出现月	6	2	8	2	10	2							
	水质类别	I	I~II	I~II	I	I	I	I	I	I	I	I	I	I
赣江大洋洲	浓度范围	7.31~7.71	5.7~10.9	1.40~5.00	0.6~1.4	0.041~0.146	0.001	0.01	0.002	0.004	0.00002	0.002	0.01	0.001
	最高值出现月	6	2	8	2	10								
	水质类别	I	I~III	I~III	I	I	I	I	I	I	I	I		I

5.3 工程影响江段鱼类资源现状研究

5.3.1 材料与方法

研究期间于 2009 年至 2010 年对赣江中游吉安—丰城段（吉安，吉水，巴邱，仁和，丰城、樟树、新干）进行野生鱼类标本的采集和资源现状的调查。

5.3.1.1 查阅文献

收集相关的《县志》、《市志》、《县统计年鉴》上有关鱼类和水产方面的数据。

5.3.1.2 问卷调查

访问当地渔民，发放调查问卷，对赣江中游吉安—峡江段的渔业资源状况，鱼类产卵场、越冬场、索饵场、鲫鱼、四大家鱼的产卵场进行调查。

5.3.1.3 鱼类区系研究

在研究区域不同河段主要集镇设置站点，主要采样点为泰和、吉安、峡江、新干，通过渔船和农贸市场购得鱼类标本，现场做好各种标本的生物学性状测量和记录，进行分类鉴定。

5.3.1.4 鱼类资源量研究

采取社会捕捞渔获物统计分析，结合现场调查取样进行鱼类资源量的评估；并参考沿河行政区渔业历史和现状资料进行比较分析，得出各河段主要捕捞对象及其在渔获物中所占比重，不同捕捞渔具渔获物的长度和重量组成等鱼类资源数据。

5.3.1.5 鱼类"三场"研究

统计鱼苗总量和四大家鱼鱼苗径流量，推断新干以上产卵场的位置。并结合采用查阅历史文献，问卷调查等方式，走访沿河渔民、渔

业部门和主要捕捞人员，沿河鱼类产卵的历史记录，了解不同季节鱼
类主要集中地和鱼类种群组成，结合鱼类生物学特性和水文学特征，
分析鱼类"三场"分布情况。

5.3.1.6　鱼类幼苗资源量研究

2009 年 6 月 26 日 ~ 7 月 1 日，在赣江新干县江面设置采样点，
采用圆锥网（半径 0.5 m，面积 0.3927 m²），每天早上 6 时 ~ 8 时和
晚上 6 时 ~ 8 时，每隔半小时收集一次样品。在江上捕捞中上层捕捞
漂浮性鱼苗和鱼卵，在解剖镜下检视，鉴定鱼苗种类，采用易伯鲁的
方法[167]，统计鱼苗总量和四大家鱼鱼苗径流量，推断新干以上产卵
场的位置，同时采用旋桨式流速仪器测定流速，通过中国水文网上的
公布，记录水位、流量、水温等数据。

5.3.2　结果与分析

5.3.2.1　渔业概况

新干县有渔船 30 艘，峡江县巴邱镇 33 艘，吉水县 20 艘，吉安
市 12 艘。新干县年捕捞产量 759 t，峡江县 668 t，吉水县 390 t，吉安
市的青原区 780 t，吉州区 338 t。渔业方式只要有丝网，虾笼，三层
网，滚钩和电渔。其中"电渔"就是指用电捕鱼，即通过升压装置
把电瓶的电压升高后，把电极放入水中，让鱼类及水声生物触电昏死
浮出水面，再用网捞取，对各种水生生物伤害极大，并影响繁殖，使
水域中繁殖的鱼卵及生物幼虫还没孵化便被电死。渔获物主要有鲤、
鲫、鳖、鳜鱼、草鱼、青鱼、鲢、鳙、鳗鲡、黄颡鱼、鲇、鳊鲌鱼、
赤眼鳟、银鲴、马口鱼、蛇鮈、银鮈、宽鳍鱲、花鱼骨、鳝。就数量
而言，鳊和赤眼鳟最多，鲤、银鲴次之，青草鲢鳙四大家鱼只有草鱼
数量还有，青鱼少，鲢和鳙几乎捕不到。

根据相关统计资料，渔业生产以吉水县产量最高，吉州区最少。
养殖产量占水产品总产量的 90% 以上，水产养殖主要以鱼类为主，
养殖形式主要是池塘养殖和水库养殖为主，7、8 月份渔获量达到最

大，为每年的捕鱼高峰期。

5.3.2.2 鱼类资源

2009 年 4 月 ~ 5 月在万安、泰和、沿溪渡、百嘉下等地通过走访渔民、现场采样、查阅文献等方法，采取社会捕捞渔获物统计分析，结合现场调查取样进行鱼类资源量的评估；并参考沿河行政区渔业历史和现状资料进行比较分析，得出各河段主要捕捞对象及其在渔获物中所占比重、不同捕捞渔具渔获物的长度和重量组成等鱼类资源数据。调查采样期间应用 GPS 定位系统测定各调查点的经纬度、高度等，同时记录各样点水体的酸碱度、温度等。

2010 年 4 月 ~ 6 月在峡江巴邱镇，仁和镇，吉水县通过渔船和农贸市场购得鱼类标本，现场做好各种标本的生物学性状测量和记录。

2010 年 12 月在新干县城、仁和镇、峡江县巴邱镇、吉水县城、吉安市采用查阅历史文献及问卷调查等方式，走访沿河渔民、渔业部门和主要捕捞人员，并结合沿河鱼类产卵的历史记录，了解不同季节四大家鱼主要集中地，结合鱼类生物学特性和水文学特征，分析四大家鱼产卵场分布情况。

峡江水利枢纽影响范围内主要县区水产资源概况见表 5.5。

5.3.2.3 渔获物分析与统计

在工程影响范围内，各江段干流和支流都有一定强度的商业捕捞现象，捕捞点或集中或分散，捕捞方法多种多样，采用违规捕捞方法如电渔、迷魂阵等进行捕捞的现象比较普遍。

通过丝网、三层网、鸬鹚、虾笼、滚钩和电渔等渔业方式，并结合访问渔民和集市调查，对工程影响范围各江段干流和支流水体的渔获物进行了统计与分析。

研究区域的渔获物组成以银鲷、鳊、黄颡鱼等为主，渔获物调查结果记录于表 5.6 - 1 ~ 表 5.6 - 10。

表 5.5　峡江水利枢纽影响范围内主要县区水产资源概况

Tab. 5.5　The situation of fishery resources in main area around Xiajiang hydraulic project

项目	新干县			峡江县			吉水县			吉安县		
	2008 年	2009 年	2010 年	2008 年	2009 年	2010 年	2008 年	2009 年	2010 年	2008 年	2009 年	2010 年
一、渔业户(户)	4 690	4 693	4 785	603	605	606	7 486	2 600	2 600	1 612	1 627	1 627
二、渔业人口(人)	14 734	14 434	14 739	21 692	21 700	21 703	24 875	13 800	13 800	6 456	6 517	6 517
三、渔业专业劳动力(人)	44	44	44	74	74	74	48	140	140	172	172	172
四、水产品总产量(吨)	15 167	15 167	16 326	12 502	12 502	13 799	16 085	16 085	16 480	17 357	17 357	18 109
(一)捕捞产量(吨)	1 053	1 062	1 325	672	926	1 158	390	390	480	778	733	987
鱼类(吨)	822	829	1 182	435	668	865	381	381	476	683	641	962
(二)养殖产量(吨)	14 114	14 105	15 001	11 830	11 576	12 641	15 695	15 695	16 000	16 579	16 624	17 122
鱼类(吨)	13 953	13 991	14 735	11 657	11 303	12 350	15 371	15 370	15 675	16 418	16 460	16 923
甲壳类(吨)	174	54	195	40	96	97	4	186	186	70	-	35
贝类(吨)	57	41	43	122	32	-	1	-	-	25	-	-
其他(吨)	-	19	28	75	145	194	4	82	82	-	164	164
五、养殖面积(亩)	53 800	54 400	55 700	32 710	33 200	34 100	77 200	80 700	80 700	75 831	78 057	78 072
池塘(亩)	6 868	7 102	7 407	829	1 019	1 019	3 158	3 158	3 158	4 431	3 796	3 796
六、鱼苗产量(亿尾)	1.25	1.22	1.42	0.45	0.5	0.51	1.48	1.5	1.5	2.1	1.2	2

注:数据来源江西省渔政局统计资料。

表 5.6 - 1 新干县城渔获物统计表

Tab. 5.6 - 1 The catch statistics of fishes in Xingan

种名	数量（尾）	百分比（%）	种名	数量（尾）	百分比（%）
鳊	23	15.79	赤眼鳟	20	13.70
鳜鱼	6	4.11	花鱼骨	5	3.42
蛇鮈	7	4.79	华鳈	1	0.68
宜昌鳅鮀	4	2.74	银鲴	17	11.64
寡鳞鳎	1	0.68	鲫	5	3.42
黄颡鱼	46	31.50	鲤	1	0.68
鲇	2	1.37	草鱼	2	1.37
马口鱼	2	1.37	蒙古鲌	2	1.37
鳘	2	1.37			

表 5.6 - 2 峡江巴邱渔获物统计表

Tab. 5.6 - 2 The catch statistics of fishes in Baqiu of Xiajiang

种名	数量（尾）	百分比（%）	种名	数量（尾）	百分比（%）
鳜鱼	147	10.27	鳊	88	6.15
鳘	58	4.05	草鱼	6	0.42
赤眼鳟	139	9.71	鳡鱼	1	0.07
宽鳍鱲	12	0.84	花鱼骨	87	6.08
黄颡鱼	228	15.93	鲫	85	5.94
鲤	14	0.98	马口鱼	48	3.35
蒙古鲌	5	0.35	鲇	4	0.28
翘嘴鲌	6	0.42	蛇鮈	268	18.73
银鲴	210	14.68	大鳍鱊	1	0.07
寡鳞鳎	13	0.91	斑鳜	11	0.77

表 5.6 - 3　新干仁和渔获物统计表
Tab. 5.6 - 3　The catch statistics of fishes in Renhe of Xingan

种名	数量（尾）	百分比（%）	种名	数量（尾）	百分比（%）
鳊	12	7.84	赤眼鳟	3	1.96
花鱼骨	1	0.65	宽鳍鱲	1	0.65
马口鱼	5	3.27	蛇鮈	3	1.96
银鮈	3	1.96	越南鱊	3	1.96
鳜鱼	5	3.27	斑鳜	72	47.06
黄颡鱼	23	15.03	银鲴	17	11.1
鲤	2	1.31	大鳍鳠	1	0.65
蒙古鲌	2	1.31			

表 5.6 - 4　吉水县渔获物统计表
Tab. 5.6 - 4　The catch statistics of fishes in Jishui

种名	数量（尾）	百分比（%）	种名	数量（尾）	百分比（%）
鳊	92	36.08	鳌	29	11.37
赤眼鳟	36	14.12	大眼华鳊	2	0.78
鳜鱼	3	1.18	宽鳍鱲	5	1.96
鲤	7	2.75	马口鱼	2	0.78
银鲴	49	19.22	银鮈	9	3.53
寡鳞鱊	2	0.78	大鳍鳠	3	1.18
鲫	8	3.14	草鱼	2	0.78
黄颡鱼	2	0.78	花鱼骨	1	0.39
鲇	2	0.78	蛇鮈	1	0.39

表 5.6 - 5　吉安市渔获物统计表
Tab. 5.6 - 5　The catch statistics of fishes in Jian

种名	数量（尾）	百分比（%）	种名	数量（尾）	百分比（%）
鳊	70	30.30	大眼华鳊	1	0.43

续表 5.6-5

种名	数量（尾）	百分比（%）	种名	数量（尾）	百分比（%）
鳜鱼	6	2.60	花鱼骨	50	21.65
黄颡鱼	4	1.73	鲫	1	0.43
鲤	5	2.16	蒙古鲌	15	6.49
圆尾拟鲿	1	0.43	翘嘴鲌	8	3.46
银鲴	12	5.19	银鲴	58	25.11

表 5.6-6　丰城渔获物统计表

Tab. 5.6-6　The catch statistics of fishes in Fengcheng

种名	数量（尾）	百分比（%）	种名	数量（尾）	百分比（%）
鳊	32	22.07	鲤	12	8.28
鲇	2	1.38	鳜鱼	3	2.07
翘嘴鲌	5	3.45	鲫	8	5.52
黄颡鱼	16	11.03	赤眼鳟	4	2.76
鲢	1	0.69	马口鱼	9	6.21
鳌	22	15.17	中华花鳅	7	4.83
银鲴	10	6.90	银鲴	14	9.66

表 5.6-7　樟树渔获物统计表

Tab. 5.6-7　The catch statistics of fishes in Zhangshu

种名	数量（尾）	百分比（%）	种名	数量（尾）	百分比（%）
鳊	69	20.35	鳌	48	14.16
鲤	26	7.67	大鳍鱊	2	0.59
翘嘴鲌	16	4.72	鲫	32	9.44
蒙古鲌	4	1.18	银鲴	26	7.67
鳜鱼	10	2.95	乌鳢	2	0.59
黄颡鱼	26	7.67	鲇	2	0.59

续表 5.6-7

种名	数量（尾）	百分比（%）	种名	数量（尾）	百分比（%）
银鲄	12	3.54	蛇鲄	18	5.31
鲢	6	1.77	鳙	1	0.30
青鱼	1	0.30	草鱼	6	1.77
麦穗鱼	22	6.49	中华花鳅	10	2.95

表 5.6-8　新干县渔获物统计表

Tab. 5.6-8　The catch statistics of fishes in Xingan

种名	数量（尾）	百分比（%）	种名	数量（尾）	百分比（%）
鳊	36	25.53	赤眼鳟	1	0.71
花鱼骨	1	0.71	宽鳍鱲	1	0.71
马口鱼	2	1.42	蛇鲄	8	5.67
鳜鱼	2	1.42	斑鳜	1	0.71
黄颡鱼	16	11.35	银鲴	8	5.67
鲤	18	12.77	蒙古鲌	3	2.13
大鳍鱊	2	1.42	越南鱯	2	1.42
银鲄	12	8.51	鳘	28	19.86

表 5.6-9　峡江坝址渔获物统计表

Tab. 5.6-9　The catch statistics of fishes in the dam site of Xiajiang dam

种名	数量（尾）	百分比（%）	种名	数量（尾）	百分比（%）
鳘	30	18.29	赤眼鳟	6	3.66
鳊	42	25.61	鲫	18	10.98
宽鳍鱲	6	3.66	鲤	20	12.20
马口鱼	8	4.88	蛇鲄	12	7.32
翘嘴鲌	9	5.49	银鲴	13	7.93

表 5.6-10 峡江蒋沙渔获物统计表

Tab. 5.6-10 The catch statistics of fishes in Xiajiang

种名	数量（尾）	百分比（%）	种名	数量（尾）	百分比（%）
鳜鱼	3	2.42	黄颡鱼	12	9.68
鲫	18	14.52	银鲴	9	7.26
翘嘴鲌	14	11.29	鳘	22	17.74
蛇鮈	10	8.06	鳊	36	29.03

2009 年 4 月~6 月和 2010 年 4 月~6 月间，在泰和、吉安等地采集鱼类标本，对赣江中游鱼类资源进行调查，共采集鱼类标本 5 567 尾，记录鱼类 71 种（见表 5.7），隶属 7 目 16 科 58 属。据采样分类鉴定，统计了该江段电捕渔获物的生物量和个体数量比。结果显示当地主要经济鱼类主要有鳊、银鲴、赤眼鳟、半鳘、鲤、黄颡鱼、鳜、翘嘴鲌、草鱼等。渔获物生物量组成比例中，赤眼鳟占 21.77%、鳊 15.17% 最多，其次为银鲴 11.81%、鲤 11.52%、翘嘴鲌 7.60%、半鳘 6.57% 等。就个体数量百分比来说，半鳘 19.25% 和银鲴 13.89% 为优势种，其次为鳊 11.09% 和赤眼鳟 8.46%。鱼类以中小型鱼类为主，如鲴亚科、鮈亚科鱼类等。一些个体较大、性成熟时间长、食料范围较窄的鱼类，如鳜、鳡、青鱼、鳙等，资源量显著下降。而目前主要经济鱼类皆为一些中小型鱼类，如赤眼鳟、银鲴等。一直以来作为优势种的四大家鱼中，除草鱼还有一定数量外，青鱼、鲢和鳙，基本很难捕捞到。据历年调查和本次访问渔民，一些珍稀名贵鱼类，如中华鲟、鲴、鱼宗等近 20 多年来未见踪迹[170,91]。

表 5.7 峡江水利枢纽工程影响河段鱼类名录

Tab. 5.7 The list of the fish species in the project reach of Xiajiang hydro-junction

种类名称	资源量
一、鲤形目 CYPRINIFORMES	
I. 鳅科 Cobitidae	

续表 5.7

种类名称	资源量
1）沙鳅亚科 Botiinae	
1. 花斑副沙鳅 *Parabotia fasciata*	+
2. 紫薄鳅 *Leptobotia taenicps*	+ +
2）花鳅亚科 Cobitinae	+
3. 中华花鳅 *Cobitis sinensis*	−
4. 泥鳅 *Misgurnus anguillicaudatus*	+ +
II. 鲤科 Cyprinidae	
1）鱼丹亚科 *Danioninae*	
5. 马口鱼 *Opsariichthys bidens*	+ +
6. 宽鳍鱲 *Zacco platypus*	+ +
2）雅罗鱼亚科 *Leuciscinae*	
7. 鳡 *Ochetobius elongatus*	−
8. 草鱼 *Ctenopharyngodon idellus*	+ +
9. 青鱼 *Mylopharyngodon piceus*	+
10. 赤眼鳟 *Squaliobarbus curriculus*	+ + +
11. 鳡 *Elopichthys bambusa*	+
3）鲌亚科 Cultcrinae	
12. 团头鲂 *M. amblycephala Yih*	+
13. 鳌 *Hemiculter leucisculus*	+ +
14. 半鳌 *Hemiculterw sauvagei*	+ + +
15. 翘嘴鲌 *Culter alburnus*	+ +
16. 蒙古鲌 *Culter mongolicus*	+
17. 达氏鲌 *Culter dabryi*	+

续表 5.7

种类名称	资源量
18. 红鳍原鲌 *Culterichthys erythropterus*	+ +
△19. 青梢红鲌 *Erythroculter dabryi*	+
20. 银飘鱼 *Pseudolaubuca sinensis*	+
21. 鳊 *Parabramis pekinensis*	+ + +
22. 大眼华鳊 *Sinibrama macrops*	+
4）鲴亚科 Xcnocyprinae	
23. 圆吻鲴 *Distoechodon tumirostris*	+
24. 银鲴 *Xenocypris argentea*	+ + +
25. 黄尾密鲴 *X. davidi*	+ + +
26. 斜颌细鳞鲴 *Plagiognathops microlepis*	+
27. 似鳊 *Pseudobrama simoni*	+
5）鱊鲏亚科 Achcilognathinae	
△28. 寡鳞鱊 *Acheilognathus hypselonotus*	+
29. 越南鱊 *Acheilongnathus tonkinensis*	+
△30. 革条副鱊 *Paracheilognathus himantegus*	+
31. 无须鱊 *Acheilognathus gracilis*	+
32. 高体鳑鲏 *Rhodeus ocellatus*	+ +
6）鮈亚科 Gobioninae	
33. 棒花鱼 *Abbottina rivularis*	+ +
34. 唇鱼骨 *Hemibarbus labeo*	+ +
35. 花鱼骨 *H. maculatus*	+ +
36. 麦穗鱼 *Pseudorasbora parva*	+
37. 华鳈 *Sarcocheilichthys sinensis*	+

续表5.7

种类名称	资源量
38. 黑鳍鳈 *S. s nigripinnis*	+
39. 江西鳈 *S. kiansiensis*	+ +
40. 小鳈 *S. parvus*	+
41. 蛇鉤 *Saurogobio dabryi*	+ + +
42. 银鉤 *Squalidus argentatus*	+ + +
43. 吻鉤 *Rhinogobio typus*	+
7）鲤亚科 Cyprininae	
44. 鲫 *Carassius auratus*	+ +
45. 鲤 *Cyprinus carpio*	+ +
8）鳅鮀亚科 Gobiobotinae	
46. 宜昌鳅鮀 *Gobiobotia ichangsiensis*	+
9）鲢亚科 Hypophthalmichthyinae	
47. 鲢 *Hypophthalmichthysmolitrix*	+ +
48. 鳙 *Aristichthys nobilis*	+
10）野鲮亚科 *Labeoninae*	
49. 东方墨头鱼 *Garra orientalis*	−
11）鲃亚科 *Barbinae*	
△50. 侧条光唇鱼 *A. parallens*	+
二、鲇形目 SILURIFORMES	
III. 鲇科 Siluridae	
51. 鲇 *Silurus asotus*	+
IV. 胡子鲇科 Clariidae	
52. 胡子鲇 *Clariasfuscus*	+

续表 5.7

种类名称	资源量
V. 鲿科 Bagridae	
53. 粗唇鮠 *Leiocassis crassilabris*	+
54. 大鳍鳠 *Mystusmacropterus*	+ +
55. 黄颡鱼 *P. fulvidraco*	+ +
56. 光泽黄颡鱼 *P. nitidus*	+ + +
57. 圆尾拟鲿 *P. tenuis*	+
VI. 鮡科 Sisoridae	
58. 福建纹胸鮡 *Glyptothoraxfukiensisfukiensis*	+ +
三、合鳃目 SYNBRANCHIFORMES	
VII. 合鳃科 Synbranchidae	
59. 黄鳝 *Monopterus albus*	+
四、鲈形目 PERCIFORMES	
VIII. 鮨科 Serranidae	
60. 鳜 *Siniperca chuatsi*	+ +
61. 长身鳜 *Coreosiniperca roulei*	+
62. 大眼鳜 *Siniperca kneri*	+
63. 斑鳜 *S. scherzeri*	+
IX. 塘鳢科 Eleotridae	
64. 沙塘鳢 *Odontobutis obscurus*	+ +
X. 鰕虎鱼科 Gobiidae	
65. 栉鰕虎鱼 *C. giurinus*	+ +
XI. 攀鲈科 Anabantidae	
66. 叉尾斗鱼 *Macropodus opercularis*	+

续表 5.7

种类名称	资源量
XII.　鳢科 Channidae	
67.　乌鳢 *Ophiocephaliformes*	-
XIII.　刺鳅科 Mastacembelidae	
68.　刺鳅 *Mastacembelus sinensis*	+ +
五、鲱形目 CLUPEIFORMES	
XIV.　鲱科 Clupeidae	
△69.　短颌鲚 *C. brachygnathus*	-
六、鳗鲡目 ANGUILLIFORMES	
XV.　鳗鲡科 Anguillidae	
70.　鳗鲡 *Anguilla japonica*	-
七、颌针鱼目 BELONIFORMES	
XVI.　针鱼科 Hemirhamphidae	
△71.　间下鱵 *Hemirhamphus intermedius*	-

注:"-"表示罕见,"+"表示偶尔可见,"++"表示较常见,"++
+"表示数量多,"△"新记录种

对赣江中游部分鱼类标本进行体长、体重分析(见表5.8),其
中四大家鱼青鱼平均体长、体重分别为 40.9cm、867g,草鱼为
42.6cm、1108g,鲢为 30.6cm、575g,鳙为 38.6cm,800g。本次采
样所记录的鱼类中,以鲤科鱼类为主。在渔获物组成中,食底栖生物
的鱼类(如细鳞鲴、银鲴、黄颡鱼、光泽黄颡鱼、鲇、花鱼骨、银
鲴、鲤、鲫等)数量最多,而重量百分比的前 4 位为草鱼
(31.08%),银鲴(26.88%),鲤(16.79%),鲢(5.48%)。四大
家鱼占重量百分比的39.86,江湖洄游性的四大家鱼在资源量上还是
占有较大比重,是值得高度关注的鱼类资源。

表 5.8 赣江中游鱼类标本体长、体重组成

Tab. 5.8 The body length and weight of fishes in the middle reach of Gan River

种类	数量（尾）	重量百分比	体重（g）		体长（cm）	
			范围	均值（X + SD）	范围	均值（X + SD）
马口鱼	8	0.14	12.65 ~ 47.97	31.61 ± 17.68	9.7 ~ 14.7	12.74 ± 2.52
鲤	18	16.79	750.0 ~ 4 000.0	1 663.0 ± 1 676.19	16.8 ~ 46.2	34.53 ± 14.80
中华花鳅	5	0.03	4.6 ~ 35.6	12.17 ± 16.16	8.5 ~ 15.2	10.92 ± 3.339
飘鱼	29	0.29	3.42 ~ 50.32	18.04 ± 24.00	7.5 ~ 18.6	12.29 ± 5.57
华鳈	7	0.09	3.48 ~ 40.6	23.89 ± 18.59	5.7 ~ 12.8	9.94 ± 3.57
银鮈	55	0.40	2.1 ~ 26.48	12.95 ± 12.21	5.2 ~ 11.4	9.23 ± 3.15
长身鳜	5	0.04	3.64 ~ 49.11	14.67 ± 23.72	8.4 ~ 14.3	11.53 ± 2.95
花鱼骨	41	1.42	3.58 ~ 335.75	61.83 ± 166.90	10.6 ~ 21.2	13.62 ± 5.46
寡鳞鳎	3	0.04	11.6 ~ 31.75	22.47 ± 10.09	7.8 ~ 10.6	9.33 ± 1.40
吻鮈	6	0.01	1.9 ~ 5.41	4.05 ± 1.77	5.35 ~ 7.15	6.41 ± 0.90
鳊	29	2.52	97.4 ~ 260.25	155.14 ± 82.57	11.9 ~ 29.5	19.87 ± 8.81
黑鳍鳈	2	0.05	36.04 ~ 44.2	40.12 ± 4.08	11.9 ~ 12.2	12.05 ± 0.15
蛇鮈	15	0.25	1.8 ~ 93.7	30.14 ± 47.06	5.1 ~ 20.7	12.00 ± 7.82
大鳍鳠	9	0.45	4.28 ~ 190.0	88.58 ± 92.99	8.3 ~ 36.3	22.93 ± 14.00
黄颡鱼	57	0.53	11.8 ~ 20.4	16.68 ± 4.31	10.2 ~ 12.9	11.63 ± 1.35
圆尾拟鲿	2	0.02	13.1 ~ 16.08	14.59 ± 1.49	10.4 ~ 10.5	10.45 ± 0.05
银鲴	686	26.88	4.3 ~ 150.9	69.85 ± 73.44	6.8 ~ 31.5	14.75 ± 12.61
鳡	1	0.88	1 570		332.8	
鳘	35	0.42	7.38 ~ 98.6	21.16 ± 49.17	9.8 ~ 18.6	13.25 ± 4.43
红鳍鲌	19	0.94	42.4 ~ 111.0	88.32 ± 34.95	14.8 ~ 19.6	18.04 ± 2.44
革条副鱊	1	0.01	14.4		8.6	

续表 5.8

种类	数量（尾）	重量百分比	体重（g）		体长（cm）	
			范围	均值（X+SD）	范围	均值（X+SD）
黄颡鱼	70	1.17	7.4~129.3	29.87±64.87	8.8~20	12.23±5.74
赤眼鳟	21	2.93	160.0~382.4	248.67±111.96	22.4~28.9	25.42±3.25
鲫	15	0.93	6.06~265.0	110.28±130.29	6.0~19.2	11.18±6.65
翘嘴鲌	6	0.31	13.15~215.0	92.16±101.72	10.8~27.3	18.41±8.26
鲇	22	1.44	73.4~155.0	116.45±40.82	21.9~28.3	24.94±3.2
大眼鳜	11	0.16	12.26~39.4	25.5±13.57	7.4~12.6	9.73±2.60
草鱼	50	31.08	400.0~1 800.0	1 108.0±700.02	35.6~48.9	42.6±6.65
青鱼	4	1.95	750.0~1 000.0	867.0±125.09	38.6~42.9	40.9±2.15
鲢	17	5.48	400.0~750.0	575.0±175.0	28.9~31.8	30.6±1.47
鳙	3	1.35	380.0~1 230.0	800.0±425.0	25.9~51.6	38.6±12.51
蒙古红鲌	5	0.41	99.7~242.0	145.78±72.61	23.0~28.0	26.33±2.55
细鳞斜颌鲴	1	0.10	183.5		22.5	
圆吻鲴	1	0.28	492		28.8	
似鳊	2	0.06	32.9~77.8	55.35±22.45	12~16.1	14.05±2.05
麦穗鱼	2	0.01	7.4~7.92	7.66±0.26	7.15~8.4	7.78±0.63
棒花鱼	3	0.02	9.76~11.04	10.59±0.65	8.0~8.5	8.2±0.25
青梢红鲌	3	0.03	16.5~18.1	17.53±0.81	11.3~11.9	11.63±0.30
宽鳍鱲	11	0.07	4.98~46.86	11.50±22.53	7.2~10.0	8.99±1.42
宜昌鳅鮀	4	0.01	1.88~8.35	4.31±3.27	4.6~6.6	5.73±1.00

5.3.2.4　鱼类区系组成及特点分析

本研究采集鱼类标本中没有国家级、省级重点保护鱼类。只发现

5 种江湖洄游性鱼类。所谓江湖洄游鱼类，是指在江河产卵和索饵，可以洄游到湖泊和支流中生活的鱼类，如本研究区内有的青鱼、草鱼、鲢、鳙、鳡和赤眼鳟等，它们各占渔获物总生物量的 0.07%、0.89%、0.30%、0.05%、0.07% 和 4.23%。经济鱼类主要有草鱼、鳡、鳊、鲤、鲫、鲇、鳜、斑鳜和乌鳢，它们所占个体数量比例分别为 0.89%、0.07%、12.72%、4.40%、4.64%、1.12%、4.03%、2.84% 和 0.07%。

5.3.2.5　鱼类产卵场、越冬场和索饵场

（1）产卵场分布

鱼类产卵场一般有如下要求：河面宽阔（400 m 左右），比上、下游宽 2～3 倍；向阳，光照充分，水温 26℃～30℃；一侧水急，一侧水缓。后者水流缓慢，水浅，无大漩涡及反水，但有泡漩水，底质为沙及石砾；前者岩石崖壁，水深而急，流速 1.4 m/s；进上、下游有支流河汊；水色混浊；河水在 12h 内可上涨 1～3 m。主要影响四大家鱼产卵的外界因素是水位（水流）和水温。

赣江四大家鱼有 12 处产卵场（见图 5.2）：赣州、望前滩、良口滩、万安、百嘉下、泰和、沿溪渡、吉水、小港、峡江、新干及三湖等。万安水利枢纽以上的 4 个四大家鱼产卵场的万安、良口滩和望前滩，处于万安水库淹没区，产卵环境已不复存在，只有位于淹没区尾端的储潭产卵场保存较好，每年 4 月～7 月四大家鱼繁殖季节可以在此捕到产仔的青鱼和草鱼，鲢和鳙相对较少见。万安水利枢纽以下 8 个产卵场中，峡江巴邱产卵场是保存较完好的，繁殖季节渔民经常能捕到产仔的亲鱼，其中以草鱼比较常见，青鱼、鲢、鳙几乎没有。百嘉下、泰和、沿溪渡、吉水、小江（江西话把小江说成"小港"）、新干和三湖产卵场，其渔获物主要以鳊、赤眼鳟、银鲴为主，四大家鱼所占渔获物的比例很小，不足总数的 1%。据渔民称，在繁殖期也很少能捕到四大家鱼亲鱼。由此推断，传统的四大家鱼产卵场已逐渐消失，产卵场的规模已经大大缩小。这次调查了新干县、仁和镇、峡

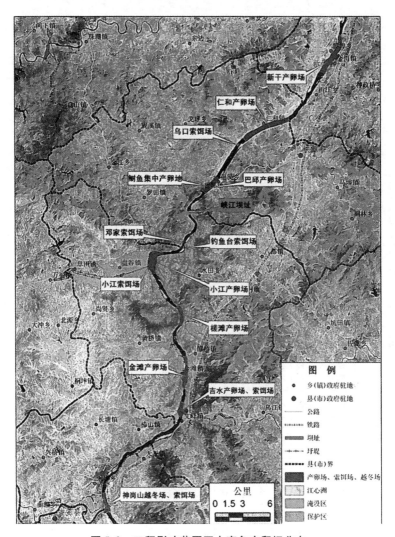

图 5.2　工程影响范围四大家鱼产卵场分布

Fig. 5.2　The location of four major Chinese carps spawning sites in the scop
of the project

江县、吉水县，发现这 7 个产卵场既是四大家鱼的产卵场，又是鲤、
鳊、赤眼鳟的产卵场。但是最近十年来四大家鱼的产量大大减少，一

表5.9　赣江中游四大家鱼产卵场河流生态环境因子记录

Tab. 5.9　The ecosystem environmental factors of four Chinese carps spawning sites in the middle reaches of Gan River

调查站点	北纬(N)	东经(E)	海拔(m)	水温(℃)	底质	pH值	透明(cm)	水流	水深(m)	江面宽度	描述
赣州储潭	24°61.191′	115°24.250′	75	24.5	沙底	6.3	120	较急	10	500	水较深、河面宽、岸树木
望前滩	24°70.575′	115°45.242′	75	20	沙石	6.4	180	缓	15	250	淹没区
良口滩	24°74.383′	115°44.384′	70	22	泥沙	6.2	160	缓	25	400	淹没区
万安	25°03.460′	114°58.126′	70	19.4	沙	6.4	180	缓	20	400	淹没区
万安大坝	25°04.114′	114°01.029′	65	19.6	泥沙	6.5	180	缓	65	600	树木、护坡
百嘉下	25°69.409′	113°56.521	63	22.3	卵石、沙	6.2	200	较急	3.0	500	沙滩、树木、荒坡
泰和坝址	26°54.265′	114°02.214′	60	24	卵石、沙	6.2	160	较急	5	300	村庄、树木、渔船
泰和	26°46.591′	114°50.350′	59	24.1	沙石	6.2	170	很急	4	400	树木、沙滩、采沙船
沿溪渡	26°48.279′	114°57.536′	57	23.1	卵石、沙	6.1	150	较急	5	300	村庄、树木、沙滩
石虎塘坝址	26°54.319′	114°59.522	52.4	20	沙石	6.3	100	较急	8	500	村庄、树木、护坡、渔船
吉水	27°13.495′	115°07.132′	41	10.3*	卵石、沙	6.2	120	很急	1.2	350	村庄、沙滩、小树、村庄、渔船
吉水小江	27°26.241′	115°02.668′	30	10.8*	卵石、沙	6.2	150	较急	2.2	200	荒坡、杂草、树木、成堆卵石
峡江坝址	27°30.893′	115°07.693′	42	9.0*	沙石	6.4	150	较缓	2	250	岸边有杂草、小山、树木、沙滩
峡江巴邱	27°33.065′	115°09.736′	29	9.9*	卵石、沙	6.2	140	较缓	2	600	杂草、树木、码头、菜地、街道
新干	27°45.739′	115°23.057′	24	8.8*	沙石	6.3	100	较缓	1.5	500	沙滩、小树、房屋、码头
三湖	27°56.232′	115°30.202′	30	22.5	沙石	6.2	130	平缓	2.2	260	支流口、荒坡、浅滩、杂草、卵石堆

注："*"表示12月份调查时的水温。

般以草鱼为常见，鲢和鳙少见，青鱼更少见。渔获物中主要以鳊、赤眼鳟、银鲴为主，四大家鱼所占渔获物的比例很小[122]。由此推断传统的四大家鱼产卵场可能已逐渐消失，产卵场的规模已经大大缩小，这与沿岸挖沙作业，人为污染和不合理的捕捞方式有关。

赣江中游四大家鱼产卵场河流生态环境因子见表 5.9。

峡江水利枢纽影响区内的鱼类产卵场见表 5.10。

表 5.10　峡江水利枢纽影响范围内鱼类产卵场

Tab. 5.10　The spawing sites of fish in the scope of Xiajian hydro‐junction

序号		产卵场名称、位置	主要产卵鱼类
1	坝上	吉水 26°54.319′（N）114°59.522′（E）	鳊、赤眼鳟、草鱼、银鲴
2		金滩 26°59.451′（N）114°60.582′（E）	银鲴、赤眼鳟
3		槎滩 26°60.136′（N）114°60.626′（E）	鳊、赤眼鳟、银鲴
4		小江 27°26.241′（N）115°02.668′（E）	鳊、赤眼鳟、草鱼
5	坝下	巴邱 27°33.065′（N）115°09.736′（E）	草鱼、鳊、黄颡鱼、鳜鱼
6		仁和 27°39.433″（N）115°12.862′（E）	鳊、赤眼鳟、草鱼
7		新干 27°45.739″（N）115°23.057′（E）	鳊、赤眼鳟、银鲴、鳜鱼

（a）新干产卵场（N27°45.739′，E115°23.057′），长度 1km。河底底质为沙石，河面宽 500 m，有些地区水流较急。下层水流平缓，该河段是个上急下缓的河况，水文条件非常适合鱼类交配产卵，具备一个自然条件优越的产卵场条件。

（b）仁和产卵场（N27°39.191′，E115°15.969′），长度 2 km。河底底质为沙底，水质浑浊，河面开阔，是鱼类产卵的优良场所。历来是青、草、鲢、鳙四大家鱼的产卵场，但由于过度捕捞，和挖沙作业影响，产卵场自然环境遭到破坏。

（c）巴邱产卵场（N27°33.065′，E115°09.736′），长度 4km。自河口地区的河宽 260 m，到巴邱镇的 600 m 河宽，水面变得豁然开朗，水流变缓。由于长时间的水流冲击，在巴邱镇边上形成一个三角洲。此处水质优良，浮游生物多，最深水位 10 m，是四大家鱼和很多其他小型鱼类的产卵场，历史上也曾经是鲥鱼产卵场最集中的区域。

（d）小江产卵场（N27°24.136′，E115°04.919′），此处为一个很大的弯道，河水冲击，泥沙堆积形成一个很大的沙洲，在沙洲下水流速度较快，河面较宽，水质浑浊，营养丰富。下游有一个小江的小河汇入，文献[46]提到的小港（江西话里"小江"的谐音）产卵场实际上就是这里。丰水期可以为鱼类提供很多营养。是鲤科鱼类和许多小型鱼类的产卵场，如鲤、鳊、赤眼鳟等。

（e）槎滩产卵场（N27°20.737′，E115°06.981′），周围成堆卵石，地形复杂，河面开阔，水草丰富。水位较深，水流急。

（f）金滩产卵场（N27°16.310′，E115°07.459′），水流冲击形成的沙洲长约1km，两岸水流较急，两岸水流交汇处，水流速度加快，下游不远处河宽突然变小。两岸为陡坡，地形复杂，是许多鱼类如青鱼、鲤、鲫等的产卵场。

（g）吉水产卵场（N27°13.495′，E115°07.132′），此处位于恩江和赣江的交汇处，枯水期水位只有1m，丰水期水位可以达到5m。由于挖沙作业河底环境复杂，水深处可以达到15m。主要是四大家鱼、鳊、赤眼鳟等的产卵场。

（2）鱼类越冬场的分布

越冬洄游是指离开摄食区到越冬区的行为。鱼类进行越冬的目的是为离开摄食区，到另一环境因子较佳且利于防御掠食者的地方。对洄游鱼类来说，这通常是产卵洄游的开端。例如草鱼在秋季结束摄食后，离开湖泊而聚集在河下游的凹洞中。越冬洄游的特点是洄游方向朝着水温逐步升高的方向，往往由浅水环境向深水环境，或由水域的北部向南部移动，方向稳定。长江中下游流域中许多鲤科鱼类，平时在通江湖泊中摄食肥育，冬季来临前，则纷纷游向干流的河床深处或坑穴中越冬。

根据调查和分析，峡江水利枢纽影响区内主要的越冬场（见图5.2）有：

（a）神岗山水域。位于吉安城南禾河与赣江的交汇处，通过渔民介绍，这个地方的水位比较深，地形复杂，地势险要。渔民称此处冬天经常能捕到很多鱼，如鲤、青鱼、草鱼、鳊、赤眼鳟等，是鱼类的很好的越冬场。

（b）峡江巴邱镇水域。江面从江口的 260 m 到巴邱镇三角洲的 600 m 水域，江面豁然开朗，水流变缓，水位较深，底质为卵石和沙石，地理位置特殊，是鱼类很好的越冬场。

（3）鱼类索饵场的分布

索饵洄游是鱼类追随或寻找饵料所进行的洄游。索饵场的距离远近与饵料生物的种群分布和密度密切相关。一般来说，河流的交汇处以及靠近城镇的水域可以作为索饵场判断的地点，因为在丰水期，大量的水流将陆地带来的生活污水、有机物和饵料冲击进入干流，而在河流的交汇处以及城镇附近水域，饵料丰富，形成了鱼类索饵的重要场所。

通过调查问卷、走访渔民、现场调查和查阅相关的文献及县志等资料，我们发现神岗山、吉水、金滩、小江、江口（黄金江，住歧水交汇地）、仁和（陈家村盘龙江和赣江交汇处）等地为峡江水利枢纽影响区内主要的索饵场（见图 5.2），具体有：

① 神岗山索饵场。禾水系赣江一级支流，发源于武功山南麓莲花县高洲乡东北部的塘坳里高天岩，在吉州区古南街道神岗山入赣江。此河口地区是鱼类重要的索饵水域。

② 吉水索饵场。位于乌江（恩江）和赣江的交汇处，河岸易崩塌，河宽，水深浅不一，和床位细沙，容易冲淤，洪水期受赣江回水顶托影响，有漫滩现象。此时浮游生物大量繁殖，是鱼类优良的索饵场。

③ 小江索饵场。位于下陇洲沙洲上，同江与赣江的交汇处。同江与盘古乡水南村从左岸汇入赣江。由于同江上游属山区，森林茂密，乔木繁多，植被良好。下游河道穿越冲击平原，河岸不稳定，崩塌现象严重。每逢丰水期，由上游冲击下来的植被都是鱼类索饵的重要原料。

④ 钓鱼台索饵场。位于住歧水和赣江的交汇处。住歧水为赣江一级支流，发源于吉水县八都镇太山水库上游上富村东部的山岭中，自东向西流，经太山水库、八都、银村、住歧乡的中村，至钓鱼台从右岸汇入赣江。上游山岭区，中游为丘陵盆地区，两岸多农田，大量稻梗和杂草投入河流，为下游提供丰富的饵料。

⑤ 邓家索饵场。位于黄金水和赣江的交汇处。黄金水为赣江的一级支流，由西北向东南，流经峡江县金江乡的万宝水库、金滩、罗田、沙坊乡的茶林洲，于沙坊乡邓家附近从左岸汇入赣江，由于上又多混合林，中下游两，岸多农田，山岗上以灌木为主，又以矮小松树为主。上游水流较急，经常冲刷树叶和禾本科植物入河，饵料丰富多样，是鱼类很好的索饵场。

⑥ 乌口索饵场。位于砚溪水（又名盘龙江）和赣江的交汇处。砚溪水系赣江一级支流，水出峡江县的万能水库后由西北向东南流，经戈坪乡的水东，于峡江县巴邱镇的乌口村从左岸汇入赣江。上游乔木成林，森林覆盖率达 90% 以上。水流湍急，中游属低丘盆地，下游以稻田为主。丰水期经雨水冲刷，可将大量营养物质冲入河内，于河口地区形成很大的索饵场。

⑦ 巴邱索饵场。金滩，上陇洲，巴邱都有一个很大的三角沙洲，在枯水期沙洲上长满很多禾本科植物，丰水期被水淹没，可以作为很多鱼类饵料，致使浮游生物大量繁殖，是饵料比较集中区域，是鱼类很好的索饵场。

5.3.2.6 鲥鱼状况的分析

（1）资源状况

鲥鱼（*Macrura reevsii*）属鲱形目、鲱科、鲥属，为溯河洄游性鱼类，平时生活在海中，每年春季性成熟个体逐渐从沿海向长江口聚集，到 4 月底至 5 月初陆续进入长江口，5 月底至 6 月初开始进入赣江。鲥产卵活动必须的主要外界条件是水温和涨水。产卵所需最低温度是 25℃，最适为 27℃ ~ 30℃。当水位升高，流速达到 1m/s 左右时刺激产卵,产卵期一般在 5 月下旬到 7 月中旬,主要是 6 月中旬至 7 月中旬[172]。

赣江是长江鲥鱼历史上的最大产卵场所[171],来赣江产卵场的鲥鱼数量多、产量高,1974 年仅在峡江江段就曾捕获 12 328 kg。到 1986 年止,长江鲥鱼捕获量只有 10 000 kg。赣江鲥鱼产量也由历史上最高产量 12 328 kg 降到 1986 年的 248 kg,长江水产科学研究所因科研需要于 1989 年 6 月 24 日至 6 月 30 日在赣江的峡江段捕获鲥鱼 16 尾,平均个体体重为 889 g,1996 年长江渔业资源管理委员会在峡江试捕 1 个月,结果一无所获;此后,峡江鲥鱼资源的监测工作一直未开展。严峻的事实表明鲥鱼的资源保护已迫在眉睫[174]。

根据调查了解到,以峡江县巴邱镇为中心上游 10 km 至下游 30 km 的赣江水域,江面较窄,水流湍急,沙质底,多石,适合鲥鱼产卵繁殖,因而这一带是鲥鱼在赣江的主要产卵场所,其中巴邱镇三角沙洲附近又是产卵场的集中区域。巴邱上 3 km 处至上游 10 km 处河宽为 260 m,为一段狭长的河段,两岸为山地,丰水期水流速度可以迅速上涨。6 月~7 月峡江平均水温在 28℃,非常适合鲥鱼产卵。这段狭长地段以下是宽约 600 m 的开阔水面,流速减缓,饵料丰富,适合鲥鱼索饵。

这次调查了峡江段巴邱镇渔民 20 户,仁和 2 户,新干 1 户,吉水县 11 户,吉安市 4 户。据渔民称,鲥鱼产卵上游可行至赣州下 10 km,下游至新干县城附近,这与相关文献[172,91]的描述一致。经过走访 70 户渔民和现场调查了解到,峡江巴邱镇从 1986 年以后渔民就极少捕捞过鲥鱼,1990 年以后鲥鱼就消失了。

(2)鲥鱼产卵场衰退的原因分析

鲥鱼产卵场的消失原因是多方面的,主要原因有以下几点:

① 生态环境被破坏,影响鲥鱼正常生长。

鲥鱼要在混浊的洪水中产卵,这样可以避免受精卵在水中飘浮时受其他敌害生物的侵害。万安水电站在 20 世纪 90 年代初峻工后,赣江水位的高低主要受该水电站的影响。在建水电站之前,赣江在 6 月

~7月一般要发几次洪水。建坝后，洪水频率和强度都不如以前。

② 内陆工业污染造成水域污染，滥捕现象严重。

在鲥鱼由海入江，再由江入海的生殖洄游过程，一路上经过污染水域，并遭受层层捕捞，致使鲥鱼种群数量越来越少，正如有些专家所说："即使酷捕滥捞还有漏网之鱼的话，那么污染则使鲥鱼在劫难逃。"

③ 鲥鱼近亲繁殖，造成资源进一步衰退。

由于鲥鱼种群数量逐年减少，近亲繁殖的机率大大增加，致使种群生存能力下降，资源进一步衰退。

④ 管护经费紧缺，管理手段落后。

沿江有关渔政管理机构体制尚未理顺，长期缺少管理经费，加剧了管理手段的落后和管理难度。

⑤ 科研调查滞后，影响保护决策。

早在1983年，有关部门在峡江通过调查研究，获得农业部鲥鱼人工繁殖及幼鱼培育技术改进二等奖。此后的10多年主要是对鲥鱼资源的调查及监测，但对鲥鱼在海洋中的生长情况缺少调查研究，使保护鲥鱼的整个过程不够完整，影响了保护效果。

5.3.2.7　工程影响范围内四大家鱼资源现状

根据2009年4月~6月和12月以及2010年4月~6月的采样结果（见表5.11~5.13，），赣江中游峡江段四大家鱼中以草鱼为主，鲢很少。

表5.11　峡江渔获物统计表

Tab. 5. 11　The catch statistics of fishes in Xiajiang

采集地点	峡江巴邱		采集时间	2009.4月~6月		采集工具	网捕、电渔
水体	水温(℃)	16.7~22.5		pH	6.2	底质	石底
	透明度(cm)	150		水流	较缓	海拔(m)	30
鱼类	数量(尾)	百分比(%)		鱼类	数量(尾)		百分比(%)
鲢	5	16.67		鳙	1		3.33
草鱼	24	80.00					

表 5.12　峡江渔获物统计表

Tab. 5.12　The catch statistics of fishes in Xiajiang

采集地点	峡江巴邱		采集时间	2009.4 月～6 月		采集工具	网捕、电渔
水体	水温(℃)	16.7～22.5	pH	6.2		底质	石底
	透明度(cm)	150	水流	较缓		海拔(m)	30
鱼类	数量(尾)	百分比(%)		鱼类	数量(尾)		百分比(%)
鲢	10	16.39		鳙	2		3.28
草鱼	31	50.82		青鱼	18		29.51

表 5.13　四大家鱼未成熟鱼的结构

Tab. 5.13　The constructure ofimmaturate fish among four Chinese carps

	数量(尾)	体长 (cm)			体重 (kg)		
		最小	最大	平均	最小	最大	平均
青鱼	26	10.5	40	17.42±7.37	0.03	1.5	0.17±0.32
草鱼	216	16	54	35.47±9.41	0.1	2.95	1.13±0.81
鲢	50	21.5	49	32.32±6.84	0.16	2.1	0.70±0.48
鳙	29	19.5	43	25.53±5.71	0.15	1.4	0.35±0.31

（1）年龄结构

研究期间在巴邱站点共采集到四大家鱼 392 尾，其中青鱼 46 尾，占 11.73%；草鱼 260 尾，占 66.33%；鲢 54 尾，占 13.78%；鳙 32 尾，占 8.16%。表 5.14 列出了赣江峡江段四大家鱼亲鱼的年龄组成，年龄结构相对简单，以 1 龄和 2 龄鱼为主，其中青鱼 1、2 龄的数量占 58.7%，草鱼 1、2 龄的数量占 82.3%，而鲢、鳙 1、2 龄数量的比例接近 90%。4 种鱼中仅青鱼年龄结构相对较丰富，其 4、5 龄鱼数目占 23.9%。

表 5.14   四大家鱼的年龄结构

Tab. 5.14   Age structure of four major Chinese carps

年龄	青鱼		草鱼		鲢		鳙	
	个体数（尾）	%	个体数（尾）	%	个体数（尾）	%	个体数（尾）	%
I +	25	54.3	110	42.5	37	68.6	28	87.5
II +	2	4.3	103	39.7	10	18.5	2	6.3
III +	8	17.4	43	16.5	7	12.9	1	3.1
IV +	8	17.4	3	1.15	0	0	1	3.1
V +	3	6.5	1	0.38	0	0	0	0
合计	46	100.0	260	100.0	54	100.0	32	100.0

（2）体长与体重的分布

由图 5.3 和图 5.4 可以看出，青鱼体长范围 10.5~108 cm，平均 46.18±35.99 cm，体重范围 0.03~30 kg，平均 6.71±9.52 kg，以体长 10~20 cm 和 90~108 cm、体重 0~3 kg 和 18~28 kg 个体为主，占群体总数的 70% 左右。草鱼体长范围 16~75 cm，平均 38.12±12.34 cm，体重范围 0.09~10 kg，平均 1.63±1.55 kg，以体长 20~55 cm、体重 0~4 kg 个体为主，占群体总数的 90% 左右。鲢体长范围 21.5~80 cm，平均 31.31±10.43 cm，体重范围 0.16~7 kg，平均 0.78±1.15 kg，以体长 20~50 cm、体重 0~1.5 kg 个体为主，所占比例超过群体总数的 90%。鳙体长范围 11.8~92 cm，平均 22.81±13.18 cm，体重范围 0.03~15 kg，平均 0.61±2.03 kg，以体长 5~25 cm、体重 0~1 kg 个体为主，所占比例超过群体总数的 85%。

（3）繁殖群体

根据 2009 年 4 月~6 月和 2010 年 4 月~6 月在峡江巴邱镇（坝下最大的四大家鱼产卵场）四大家鱼繁殖群体中，共采集到性成熟草鱼 5 尾，青鱼 8 尾，鲢、鳙各 1 尾，仅占四大家鱼总数的 3.51%。

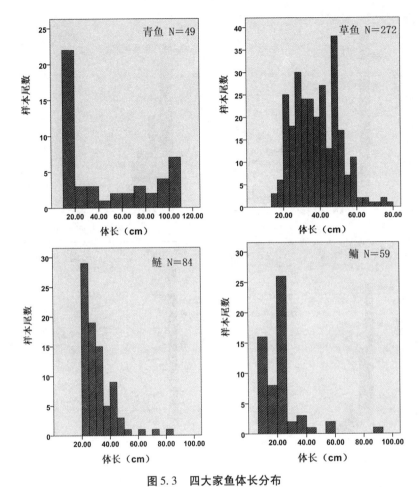

图 5.3　四大家鱼体长分布

Fig. 5.3　Body length distribution of four major Chinese carps

草鱼的绝对怀卵量为（8.59 ± 5.63）× 10^5，青鱼为（1.78 ± 1.33）× 10^{6}粒，鲢为 7.14 × 10^{5}粒，鳙为 1.53 × 10^{6}粒（表 5.15）。

　　赣江是四大家鱼等鱼类主要的栖息繁殖地之一。家鱼产卵场具有一定的地貌水文特点。每年 4 月 ~ 7 月，当水温达到 18℃以上时，家鱼便集中在产卵场进行繁殖，产卵规模与涨水的流量增加量和洪水持续时间相关。当一个大的洪水到来时，产卵的数量多，而一次小的洪

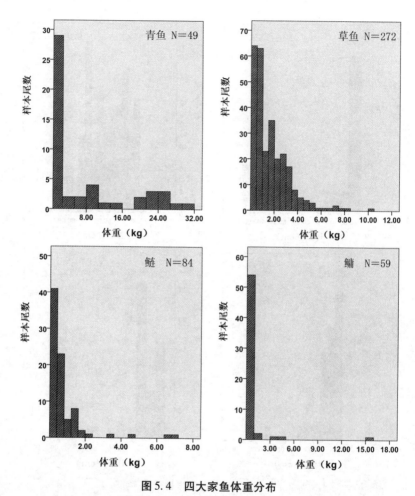

图 5.4　四大家鱼体重分布

Fig. 5.4　Body weight distribution of four major Chinese carps

水，则产卵量很少，或不进行繁殖。在本江段，5 月～6 月家鱼繁殖量占整个繁殖季节的 70%～80%。四大家鱼产的卵属于漂流性卵。产卵时需要有江河的涨水过程。在河流涨水的诸水文要素中，流速的增大，对促使产卵起着主要作用。鱼类的产卵规模与江水的流速增大紧密相关。由于赣江万安水电站的截流，处于下游的赣江中游地区水文条件发生了不少变化。四大家鱼产卵场存在的可能性不容乐观，上游水量较小，截流设施较多，中游虽水量较大，渔业资源较丰富，但在四大家鱼繁殖季节中所捕到的鱼类中，四大家鱼所占比例很低。在峡江水利枢纽工程内的四大家鱼产卵场主要有 7 个：吉水、金滩、槎滩、小江、巴邱、仁和、新干。通过走访渔民和现场调查，发现四大家鱼的产卵场规模已大大减小。产卵的四大家鱼主要以草鱼为主，鲢鳙很少，青鱼很难见到。巴邱产卵场是现存规模最大的产卵场，其他的产卵场多因过度捕捞和挖沙作业等，其规模已大大减小。吉水产卵场就是挖沙作业破坏最严重的产卵场。由于大范围的挖沙作业，河底底质破坏严重，浮游生物和底栖植物的生存环境被破坏，产卵场规模已大大减小。

表 5.15　四大家鱼怀卵量情况统计

Tab. 5.15　The statistics of Fecundity among the four major Chinese carps

品种	编号	体长	体重	绝对怀卵量（粒）	绝对怀卵量均值（粒）
草鱼	C19	70	8 000	1.7×10^6	
草鱼	C62	73.5	10 000	9×10^5	
草鱼	C97	69	7 500	1×10^6	$(8.59 \pm 5.63) \times 10^5$
草鱼	C118	50.5	2 500	2.68×10^5	
草鱼	C210	75	7 000	4.24×10^5	
鲢	H16	70	6 500	7.14×10^5	7.14×10^5
鳙	A4	92	15 000	1.53×10^6	1.53×10^6
青鱼	M25	105	25 000	1.03×10^6	
青鱼	M26	108	30 000	4.62×10^6	
青鱼	M27	95	20 000	9.09×10^5	
青鱼	M28	90	13 350	8.9×10^5	$(1.78 \pm 1.33) \times 10^6$
青鱼	M33	103	23 000	1.51×10^6	
青鱼	M35	105	21 000	6.88×10^5	
青鱼	M38	102	27 000	2.7×10^6	
青鱼	M40	90	19 000	1.9×10^6	

5.4 讨 论

5.4.1 峡江水利枢纽工程对水文、地质及水质影响预测

5.4.1.1 水库水质预测分析

工程建成后，库区河段水位抬高、流速减缓，水体流经的时间加长，同时泥沙及其污染物的沉降作用大大加强，对有机类污染物的降解、自净十分有利。

在江西省地表水（环境）功能区划中，库区河段中上游为赣江吉水开发利用区，库尾为赣江吉安开发利用区，其他为赣江吉水保留区。根据江西省水资源保护规划成果（2007 年底），库区河段现状水质较好，基本为 III 类水质。库区河段主要入河污染物为 COD 和氨氮，赣江吉水开发利用区（库中吉水县城河段）现状 COD 和氨氮入河排污量分别为 2 110 t/a、164 t/a，相应纳污能力分别为 10 701 t/a、784 t/a；赣江吉安开发利用区（库尾吉安市区河段）现状 COD 和氨氮入河排污量分别为 2 706 t/a、165 t/a，相应纳污能力分别为 6 943 t/a、505 t/a，库区及库尾河段仍有较大的纳污能力。

峡江水库为季调节水库，对径流的调节能力较差。对比建坝前后坝址断面平水年（$P=50\%$）和枯水年（$P=90\%$）旬径流变化情况表明，平水年与枯水年的旬径流变化大体一致，丰水期和平水期旬径流略有减少，枯水期略有增加，平水期和枯水期旬径流趋于均化。对于库区总体水质，由于水库对径流的调节（水位抬高、流速减缓），将使局部河段（排污口河段）产生近岸水域污染带比天然状况变宽缩短的现象，但现状污染物排放相对较小（目前吉水县城规划于 2010 年前建成污水处理厂，污染物排放量可进一步消减），纳污能力较大，总体来说，建库后库区总体水质与天然河道状态的水质不会产生大的变化。水库对坝下径流的调节作用，可以不同程度地增加坝下河道的枯水流量，并使其更趋稳定，有利于下游河流水体纳污能力的提高和水质的改善。

对于沿江农村居民生活污水和农田污染面源，水库兴建后，库区

移民外迁，库区居民减少，污染负荷减少，加上污染物的降解和沉降作用的加强，其对水库水质影响较小。

5.4.1.2　水库富营养化预测分析

峡江水库为季节调节水库，对径流的调节性能较差，库区现状污染物排放量又相对较小，总体分析，建库后库区总体水质与天然河道状态的水质不会产生大的变化，但局部河段（排污口河段）将产生近岸水域污染带比天然状况变宽缩短的现象，污染带内溶解氧含量下降会比较明显。由此可见，库区水质对鱼类的影响主要限于局部河段的工业污染。

水库形成后，受各种因素的影响，营养物质易在水库中富集，其中氮、磷是水库富营养化最重要的营养物质。当水体中磷和无机氮达到一定浓度，水体就处于"富营养化状态"，此时水体中藻类和其他水生生物异常繁殖，水体混浊，透明度降低，导致阳光入射强度和深度降低，溶解氧减少，大量的水生生物死亡，就可能使水库出现"藻化"，使水生生态系统受到严重破坏，直接影响工业供水和人畜饮水质量，给人类健康和水产养殖带来威胁。

据工程上游约 160 km 的万安水库 2000 年实测数据分析，总磷浓度为 0.02 ~ 0.026 mg/L，总氮浓度为 0.66 ~ 0.8 mg/L，该水库属中等营养化水平。类比分析，本水库氮、磷输入总量预计与万安水库相近，属中营养化水平，加上水库调节性能为季调节，水库水体年内替换次数（31）较频繁，且为低水头河床式电站，可以认为，峡江水库总体不会出现富营养化现象。但受水库对陆域中植被等有机体的淹没，有机质残体中营养物质将释放进入水库水体中，不排除在水库蓄水后的 2 ~ 3 年内，在水库的库汊部分水流缓慢的局部水域可能出现一定的水质富营养化现象。

5.4.1.3　对水温的影响预测

水温是鱼类繁殖所需求的重要条件之一。水库建成后，库区河道水位抬升，流速减缓，水库水温结构也将发生变化。水库水温分层是水库水体的重要特征，不同水库的温度分层结构存在差别。国外通常是采用密度佛汝德数，判别水库温度垂向分层趋势和稳定性，将水库水温结构分为 3 类：强分层型、弱分层型和混合型。我国根据垂向水温分布的均匀度和库底水温年较差大小，把水库水温结构划分为 3 种类型：混合型、分层型和界于这两者之间的过渡型，常用的判别方法有库水交换次数法（入流与库容比值法，又称 α 法）、密度佛汝德数（d）判别法、水库宽深比判别法等。其中 α 法最为简单实用，经部分水库的实测检验，其预测结果基本符合实际。判别标准是：$\alpha < 10$ 或 $d < 0.1$ 时水库水温为分层型；当 $\alpha > 20$ 或 $r > 0.5$ 时水库水温为完全混合型[175-176]。

经计算，峡江水库 α 值为 31，远大于 20；r 值为 9.2，亦远大于0.5，因此可以判定峡江水库水温属完全混合型，库水与天然河道水温基本一致，不存在下泄水和灌区引水的水温影响问题。因此，水温对鱼类的影响较小、能满足产卵所需的温度。

5.4.1.4　对下游河道水质的影响预测

工程建成后，将使库区河段水位抬高、过水断面增大、水深增加、流速减缓等，从而影响水体中污染物的稀释、扩散及降解过程，对其水质产生影响；对坝下河段水质的影响则主要是由于水库下泄水的流量或水质与天然状态下不同所至。

峡江水库建成运行后对下游河道水质的影响，取决于水库下泄水的水质状况和坝下径流的调节程度。如前所述，水库下泄水质与天然河道状态的水质基本一致；水库对坝下径流的调节作用，可以不同程度地增加坝下河道的枯水流量，并使其更趋稳定。因此，坝下河段水质将好于天然状态，同时还将有利于改善下游河段的水质状况。

5.4.1.5　对水文情势的影响

本水库属季调节水库，水库建成运行后，由于大坝的壅水以及水库对径流的调节作用，将改变库区及坝下河段的水文情势，从而对水环境产生影响。

峡江水库正常蓄水位 46 m，总库容 16.65 亿 m³，库区河长约 54 km。根据水库调度运行方式，每年汛期为了给下游留下防洪库容，水库一般维持在汛期限制水位 45 m 以下运行，非汛期则基本维持在水库正常蓄水位 44~46 m 水位运行，库区河段平均水位比天然状态抬高 7~8 m，库区河段平均流速也将大为减缓。

峡江水库对径流的调节能力较差。对比建坝前后坝址断面平水年（P=50%）和枯水年（P=90%）旬径流变化情况（见表 5.16）表明，平水年与枯水年的旬径流变化大体一致，丰水期和平水期旬径流略有减少，枯水期略有增加，平水期和枯水期旬径流趋于均化。

表 5.16　峡江水库坝址建坝前后旬径流变化情况对比

Tab. 5.16　the contrast of ten - day runoff before and after building the dam in the Xiajiang reservoir

单位：m³/s

时期		平水年(P=50%)			枯水年(P=90%)		
月份	旬	坝址天然	水库调节后	增减(±%)	坝址天然	水库调节后	增减(±%)
1	上	519.0	531.0	2.31	328.0	362.5	10.52
	中	555.0	531.0	-4.32	330.1	362.5	9.83
	下	478.0	531.0	11.09	331.0	362.5	9.50
2	上	575.0	531.0	-7.65	321.0	362.5	12.92
	中	725.0	531.0	-26.76	318.0	362.5	14.00
	下	740.0	732.9	-0.96	363.0	362.5	-0.14
3	上	802.0	802.0	0.00	412.0	362.5	-12.02
	中	1 226.0	1 225.1	-0.07	283.0	362.5	28.10
	下	3 496.0	3 740.2	6.99	2 835.0	2 835.0	0.00
4	上	1 313.0	1 197.5	-8.80	2 581.0	2 465.5	-4.48
	中	4 051.0	4 042.0	-0.22	2 066.0	2 065.6	-0.02
	下	7 529.0	7 529.0	0.00	3 522.0	3 517.6	-0.12

续表 5.16

时期		平水年（P=50%）			枯水年（P=90%）		
月份	旬	坝址天然	水库调节后	增减（±%）	坝址天然	水库调节后	增减（±%）
5	上	8 788.0	8 788.0	0.00	1 910.0	1 904.6	−0.28
	中	5 823.0	5 821.9	−0.02	1 269.0	1 264.0	−0.39
	下	2 152.0	2 148.0	−0.19	1 435.1	1 428.3	−0.47
6	上	2 084.0	2 076.9	−0.34	2 675.0	2 667.4	−0.28
	中	1 707.0	1 700.6	−0.37	2 273.0	2 270.2	−0.12
	下	853.0	835.5	−2.05	2 641.0	2 633.9	−0.27
7	上	813.0	677.3	−16.69	1 855.0	1 724.6	−7.03
	中	1 598.0	1 595.2	−0.17	1 420.0	1 413.8	−0.44
	下	642.0	620.5	−3.35	860.0	836.5	−2.73
8	上	935.0	935.0	0.00	705.0	701.6	−0.48
	中	1 892.0	1 888.9	−0.16	644.0	629.6	−2.23
	下	1 188.0	1 175.8	−1.02	457.0	440.7	−3.56
9	上	2 591.0	2 582.9	−0.31	578.0	569.4	−1.49
	中	774.0	759.9	−1.82	553.0	535.5	−3.17
	下	901.0	890.3	−1.19	367.1	362.5	−1.24
10	上	611.0	598.1	−2.11	330.0	362.5	9.87
	中	524.0	531.0	1.34	337.0	362.5	7.56
	下	1 117.0	1 102.4	−1.31	370.0	362.5	−2.03
11	上	616.0	614.4	−0.25	435.0	362.5	−16.67
	中	501.0	531.0	5.99	423.0	408.8	−3.35
	下	497.0	531.0	6.84	456.0	454.6	−0.31
12	上	507.0	531.0	4.73	375.0	375.0	0.00
	中	478.0	531.0	11.08	362.0	362.5	0.14
	下	494.0	531.0	7.49	352.0	362.5	2.98

注：水库调节后的流量中已扣除灌溉流量

总体来说，水库对坝下径流的调节作用，可以不同程度地增加坝下河道的枯水流量，并使其更趋稳定，有利于下游河流水体功能的发挥。

5.4.1.6　对泥沙情势的影响

赣江属于少沙河流。据坝址及库区河段的峡江水文站和吉安水文站实测泥沙资料，考虑上游约 160 km 处的万安水库拦沙影响，分析估算出峡江坝址处的多年平均总输沙量（悬移质和推移质）为 742 × 10^4 t；按多年平均排沙比法估算，峡江水库运行 50 年泥沙在库内的淤积量约 2.32 × 10^8 t，若泥沙容重取 1.3/t/m^3，则淤积体积为 1.78 × 10^8 m^3，占死库容 4.9 × 10^8 m^3 的 36%，对库容影响较小。

由于本工程泄洪闸底高程为 30.0 m，几乎与原河床同高，有利于排沙，而且本河流的泥沙颗粒较细，不易在水库末端落淤，故水库泥沙淤积体预计将呈三角洲淤积体，水库末端及坝前泥沙淤积较少，对坝前用水基本无影响，但应考虑泥沙淤积对水库淹没范围的影响。由于库区泥沙淤积及大坝的拦沙作用，坝下河段泥沙将有所减少。

5.4.2　峡江水利枢纽工程对鱼类资源及其生态环境影响预测

5.4.2.1　四大家鱼资源现状及保护措施

研究结果表明：赣江峡江段四大家鱼资源匮乏，四大家鱼占总渔获物的比例很少，除草鱼还有一定数量外，青鱼、鲢、鳙较难捕捞到。它们的年龄以 1 龄~2 龄为主，数量超过整个四大家鱼总数的 80%。除青鱼个体相对较大外，草鱼、鲢、鳙均个体较小。另外，繁殖群体的数量极少，仅占四大家鱼总数的 3.2%。

究其原因分析如下：① 1993 年建成的万安水电站，未建鱼道，阻隔了鱼类洄游通道，大坝的兴建影响到了鱼类产卵场的水文和水情，从而导致了鱼类资源的减少。② 长期以来，赣江天然渔业方式紊乱，非法渔具、渔法屡禁不止，特别是电捕鱼的大规模使用，捕捞没有选择性，无论鱼大小，一网打尽，渔获物中小杂鱼的比重不断增加。③ 沿江两岸非法乱采乱挖的采砂船随处可见，大量采砂将江底的底泥和水草吸走，使鱼类栖息、产卵环境和底栖生物的生存场所受到极大破坏。

赣江峡江段历来是四大家鱼重要的产卵繁殖地，受不合理的捕捞方式和违规的挖砂作业等人为因素的影响，该江段鱼类资源匮乏。加上为了满足赣江流域的航运、发电和防洪等水资源综合利用的需求，在该江段即将兴建峡江水利枢纽，这将进一步阻碍这一江段江河洄游性四大家鱼的洄游，也势必加剧野生四大家鱼资源的减少。因此，四大家鱼资源衰退的情况应引起有关部门的重视，对即将兴建的峡江水利枢纽必须考虑建设鱼道，同时在这一江段进行人工增殖放流、规范捕捞方式，这对有效的保护峡江段乃至整个赣江四大家鱼资源都有非常重要的作用。

5.4.2.2 施工期对鱼类资源及其产卵场的影响

沿江渔业对象主要为常见银鲴、鳊、赤眼鳟、黄颡鱼等。它们产卵一般为每年 4 月～7 月的丰水期，其产卵场通常在河道宽窄相间处，如果施工安排在枯水期，将不会对鱼的产卵构成直接影响。

由于施工区水质的变化，浮游生物、底栖动物等饵料生物量的减少，改变了原有鱼类的生存、生长和繁衍条件，鱼类将择水而迁移到其他地方，施工区域鱼类密度将有所降低。工程建设人员的人为破坏如捕鱼也会对鱼类资源造成不利影响。

根据现场调查结果和历史资料记载，评价区范围内有 7 处鱼类产卵场、2 处鱼类越冬场和 7 处鱼类索饵场。现场调查发现这些场所存在严重的挖沙现象，导致这些场所的底质等条件遭到破坏。此外，评价区的产卵亲鱼资源以及鱼类资源匮乏，促使这些场所正逐渐丧失它们相应的功能，鱼类产卵规模逐渐缩小。加上施工期不实施断流，不改变河流原有的自然条件。因此，施工期对鱼类"三场"不存在直接影响。

5.4.2.3　运行期对鱼类资源及其产卵场的影响

（1）对坝上鱼类资源的影响

经调查，本流域浮游动物主要为清洁水体种类，底栖动物种类中耐清洁种类也较多。建库后，由于库内水体中的营养物质在总量上大于建库前天然河流的含量，从而为库中的浮游生物提供了充足的营养物质，使之能更好地生存和繁衍，这给以浮游生物为食的鱼类提供了充足的食物来源，因而这些鱼类在种群数量上将会得到很好发展。

蓄水后，原有流动的水体变为半静止或静止的水体，这为喜栖缓流敞水生活的鱼类提供了一个适宜的环境，许多适应于河流生活的鱼类逐步为适应于静水生活的鱼类代替，从而使缓流和静水生活型鱼类成为优势种群，如分布于该河段内的鲌类和鲤科种类将在本库区逐渐居于优势地位。而一些喜急流生态环境的鱼类，如银鲴、赤眼鳟等将会随水文情势的变化向上游或支流迁徙，致使这些种类在库区中日趋减少，甚至逐渐退出在库区中的分布。

（2）对坝下鱼类资源的影响

大坝建成以后，由于水库调度的调节作用，河流水位、流速、流量的周年变化幅度有所降低，坝下自然水位自然变幅趋小直接导致河流沿岸带生态环境层次简化，部分对流水性鱼类比较关键的生态环境消失，波峰型产卵鱼类繁殖所需的生态条件得不到满足；而两岸淹没区的减少，也相对减少了提供鱼卵黏附的基质，这对产黏性卵鱼类的正常发育不利。此外，电站泄洪时将产生水体中气体的过饱和现象。水体中过饱和气体对水生生物的影响受体主要为鱼类，鱼类较长时间生活在溶解气体分压总和较多且超过水层的流体静止压强的水中，使饱和气体在其体内、皮肤下等部位以气泡状态游离出来，这种现象称为"气泡病"。坝下水流的变化以及下泄水流的变化，改变了水流的水文性质，鱼类难以适应这种变化，种群数量将会减少[177]。

（3）对鱼类产卵场的影响

根据现场调查结果和历史资料的记载，研究区域内有7处鱼类产卵场，坝上游有吉水、金滩、槎滩、小江4处，坝下游有巴邱、仁和、新干3处（见表5.10）。主要产卵鱼类有赤眼鳟、鲤、鲫、鳊、四大家鱼等。

青、草、鲢、鳙四种鲤科鱼类，是我国传统的养殖对象和主要经济鱼类，习惯上称之为"四大家鱼"，主要影响四大家鱼产卵的外界因素是水位（水流）和水温[82]。家鱼的自然产卵繁殖需要适宜的水温和水流条件。最低繁殖水温为18℃，适宜水温为21℃~24℃，天然情况下，这一水温条件一般在4月下旬至7月中旬达到[141]。

按照峡江水利枢纽工程的设计要求和运行预测，丰水年和平水年各水期以及枯水年丰、平水期水库水温均为混合型，水库水温与天然河道水温基本一致，水库下泄水对下游河道水温变化影响不大。4月~7月鱼类繁殖期表层水温在19.6℃~29.6℃，底层水温在17.3℃~23.9℃，完全满足鱼类繁殖对水温的要求。因此，4月~7月鱼类繁殖期，工程运行对坝下四大家鱼产卵的水温影响不大。峡江江段产卵的鱼类主要为四大家鱼、鲤、鲫、银鲴、赤眼鳟、鳊、餐等。产卵一般在4月~6月份，据国内相关研究表明鱼类产卵的最小流速为1~1.5 m/s，所以峡江水坝下泄水量和流速应不低于1~1.5 m/s。

蓄水后，库区水深增加，流速减缓，原有流动的水体变为半静止或静止的水体，使得坝上游四大家鱼产卵所需的水文条件丧失，促使坝上游吉水、金滩、槎滩、小江、巴邱等5个鱼类产卵场消失，随着工程完工后的运行，鱼类在适应新的环境后，将会形成一些新的产卵场，今后要继续加强监测和分析研究。

大坝建成后，坝下游江段水位在繁殖季节无大幅度涨落，两岸的淹没区大为减少，鱼卵黏附基质相应减少，这促使坝下游的巴邱、仁和、新干等3处的鱼类产卵场丧失其功能。

（4）对鱼类越冬场、索饵场的影响

峡江水利枢纽工程将成为坝上鱼类良好的越冬场。坝下鱼类仍可进入支流越冬，少量在深潭和河槽中越冬的鱼类，如枯水期按不低于来水的流量泄放，也不会对其越冬产生影响。随着温度的回升，赣江中的鱼类会沿河上溯索饵，就近水域越冬的鱼类也会进入浅水区索饵。由于大坝的阻隔作用，无法上溯至坝上索饵，加上水库下泄水量减少，清水下泄河道下切，河流并流归槽，漫滩上水时间缩短，下游河道水面积缩小，鱼类索饵场、越冬场规模萎缩。库区水面积成倍扩大，水流变缓，透明度升高，生物生产力提高，库区索饵、越冬的环境得到改善，规模因此而扩大。根据现场调查结果和历史资料记载，工程影响范围内有 2 处鱼类越冬场（神岗山水域、巴邱镇水域）和 7 处鱼类索饵场（神岗山、吉水、小江、钓鱼台、邓家、乌口、巴邱）。除了邓家索饵场，其余索饵场和越冬场都位于坝的上游。

建库后，库区水深增加，流速减缓，库内水体中的营养物质增加，促使库中的浮游生物能更好地生存和繁衍。这使得坝上游（库区）的索饵场和越冬场更有利于鱼类的索饵和越冬。然而大坝建成后，坝下游的水量减少，水位降低，浮游生物量减少，不利于鱼类索饵和越冬。因此，建坝后，有利于坝上游的鱼类索饵场和越冬场，而坝下游的邓家索饵场将消失。

（5）关于鲥鱼产卵场的衰退

鲥鱼及"四大家鱼"产卵场的产卵规模大小与赣江 4 月～6 月的涨水频率和洪峰强弱有关。万安水库运行方式：4 月～6 月电站按发电、防洪、航运、灌溉等兴利要求，按照天然来水量工作，7 月 1 日开始蓄水，最早蓄满水库期限为 7 月 15 日，从 1994 年、1995 年的实际运行情况看，在汛期电站的水库削峰流量 300～2000 m^3/s，流速、水位等生态条件的相应改变，直接影响鲥鱼的正常繁殖；峡江水文站的水温监测资料表明，在万安水电站建坝前后，峡江段 4 月～6 月的水温没有明显变化（都在 18℃～28℃之间）。"四大家鱼"及鲥鱼衰退的原因较多，长江、赣江、鄱阳湖水域污染日益加重，使赣江或长江溯江而上的"四大家鱼"及鲥鱼要经历数不清的污染带，水环境污染是影响其正常繁殖和生长发育的重要因素；另外鲥鱼近亲交配，导致群体基因库的萎缩也是其衰退的原因之一；加上酷渔滥捕等多种原因，造成赣江鱼类资源急剧衰退。据 1981—1986 年峡江鲥鱼产量（万安建坝前，万安水电站于 1993 年 5 月下闸蓄水）统计，峡江产卵场鲥鱼产量逐年在减少，每年平均减产 46.2%，从侧面也反映在万安水库建设前，鲥鱼资源已经开始急剧衰退。

5.4.3 峡江水利枢纽工程影响下鱼类资源的保护

5.4.3.1 通过修建鱼道克服水利工程造成的库坝阻隔

水利工程建成后，因库坝具有阻隔作用，阻隔了洄游性鱼类的洄游通路，一些洄游和半洄游性鱼类不能上溯或下游，影响到鱼类的繁殖和基因交流。峡江水利枢纽工程已考虑了设置鱼道，笔者认为从全赣江鱼类资源保护的角度考虑，通过修建过鱼设施来减缓水利工程建设对鱼类资源的影响是必须的，至于鱼道的设计是否真正起到过鱼的作用，还需经过以后的论证和不断的改进，避免使其仅仅成为一种摆设。

5.4.3.2 通过科学调水保证鱼类繁殖季节的生态需水量

由于水库调度的调节作用影响到坝下的鱼类资源，因此水利调度时，需要根据四大家鱼等产漂流性卵鱼类繁殖生物学特性，制定科学的调水方式，运用先进的调度技术和手段，创造四大家鱼等产漂流性卵鱼类繁殖所需水文水力学条件的人造洪峰过程，同时防止出现脱水和减水河段；当发电要求剧增时，应逐步增加水量，减慢发电前干燥地区的洪水泛滥；合理确定最小生态流量，满足生态用水要求。

5.4.3.3 通过人工增殖放流缓解工程建设对四大家鱼等鱼类资源的影响

针对水库蓄水后淹没鱼类的产卵场，可考虑在下游河道或支流建立人工产卵河道或从人工孵化场放养。目前人工增殖放流是增加水域资源量，养护水生生物资源、保护生物多样性、改善水域生态环境和促进渔业可持续发展的一项有效措施。通过有计划地开展人工放流种苗，可以增加鱼类种群结构中低、幼龄鱼类数量，扩大群体规模，储备足够量的繁殖后备群体，缓解天然鱼类资源量不足的问题。目前赣江中游峡江水利枢纽工程淹没区涉及的鱼类主要有鲤、鲫、草鱼、青鱼、鳊、鲢、鳙等，其中产卵需流水刺激的鱼类受工程影响较大，包括草鱼、青鱼、鲢、鳙等，应考虑以四大家鱼为主要放流对象。

5.4.3.4　重视环境影响评价及评估体系建设

完善工程建设项目环境影响评价制度，建立项目资源与生态补偿机制，减少工程建设的负面影响，确保遭受破坏的资源和生态得到相应补偿和修复。

5.4.3.5　进一步加强基础科学研究工作

加强基础科学研究，包括各种背景值、自净能力、物质运动与转移规律、资源基础信息以及赣江自然生态系统的结构与功能研究；加强建坝后上下游主要鱼类的生物学和生态学研究，研究其种群动态及其与环境变化的互动关系，了解保护鱼类资源变化的关键因子并开展相关的恢复生态学研究。

5.4.3.6　实施禁渔期、禁渔区制度

为了保护和恢复赣江鱼类资源，建议借鉴鄱阳湖和长江流域禁渔期的成功经验，将每年水生生物繁殖季节即 4 月 1 日至 6 月 30 日设置为禁渔期。

5.5　本章小结

本章简要介绍了峡江水利枢纽工程建设情况，并就该工程对赣江河流生态环境的影响进行了调研，重点分析了工程建设引起的水文情势变化对工程江段鱼类资源及其生物多样性的影响。

　　本次调查共采集鱼类标本 5 567 尾，记录鱼类 71 种，隶属 7 目 16 科 58 属，结果显示当地主要经济鱼类主要有鳊、银鲴、赤眼鳟、半𩾃、鲤、光泽黄颡鱼、鳜、翘嘴鲌、草鱼。渔获物重量组成中，赤眼鳟（21.77%）、鳊（15.17%）最多，其次为银鲴（11.81%）、鲤（11.52%）、翘嘴鲌（7.60%）、半𩾃（6.57%）等。就个体数量百分比来说，半𩾃（19.25%）和银鲴（13.89%）为优势种，其次为鳊（11.09%）和赤眼鳟（8.46%）。

　　研究结果认为，峡江水利枢纽工程的建设将对所涉水域鱼类及其生态环境带来以下影响：

　　（1）坝上江段由河流生态环境向水库生态环境转变，为摄食浮游生物的鱼类提供肥育场所；许多适应于河流生活的鱼类逐步为适应于静水生活的鱼类代替，从而使缓流和静水生活型鱼类成为优势种群。坝下江段由于河流沿岸带生态环境层次简化，水位自然变幅趋小，对产漂流性卵鱼类的繁殖以及产黏性卵鱼类的正常发育不利。

　　（2）大坝阻隔鱼类洄游，鳗鲡、鲥鱼等不再进入库区。流速、水位等生态条件的相应改变，不利于今后鲥鱼的繁殖产卵。

　　（3）因坝上、下江段的水位、水温、水流速等水文因子的改变，坝上游吉水、金滩、槎滩、小江、巴邱等 5 个鱼类产卵场将消失，坝下的巴邱、仁和、新干 3 处鱼类产卵场因水位在繁殖季节无大幅度涨落，两岸的淹没区大为减少，鱼卵黏附基质相应减少，功能也将丧失。

　　（4）工程建成后将有利于坝上的 2 处鱼类越冬场（神岗山水域、巴邱镇水域）和 6 处鱼类索饵场（神岗山、吉水、小江、钓鱼台、乌口、巴邱），但位于坝下的邓家索饵场，由于水量减少，水位降低，饵料生物量减少将消失。

第 6 章　赣江中游水利枢纽群生态优化调度

梯级枢纽群多目标生态优化调度，就是在满足枢纽群发电、防洪、航运等其他经济和社会运行目标约束的同时，以满足基本或最佳河流生态流量需求过程为追求目标，充分利用各水库功能和水文特性的差异，通过控制梯级水库群的蓄、放水过程，发挥水库群的生态联合补偿运行效益。

6.1　梯级水利枢纽对河流生态影响

流域梯级水电开发，尤其是修筑高坝或沿河道密集筑坝，通过对河流通道的阻隔、水库淹没、人为径流调节等人工干预，改变了河流天然循环模式，破坏了河道原有的生态系统结构，对河道的河势河床、边岸滩地、湖泊湿地、动物植物、水质水温等造成负面的生态影响。

我国传统水库建设，无论是规划设计还是运行调度，往往重视防洪、发电、航运、供水、灌溉等经济及社会效益，没有或很少考虑下游的生态保护和库区生态环境保护的要求，梯级水库进一步促进了河流生态系统的破碎化，造成库区的生态环境破坏和下游河段的减水和脱水，直接威胁下游水生态，造成许多不良后果，如鱼类等水生生物物种减少、河流（湖泊）水华现象等。而以发电为主要功能的水库，在进行发电和担负调峰调度运行时，发电效益优先，往往忽视下游河流廊的生态需求，下泄流量无法满足最低生态需水量的要求。还有一种情况是引水式水电站，运行时水流引入隧洞或压力钢管，进水口前池以下河道不下泄水流，造成若干公里的河段脱流、干涸，对于河流的沿河植被、哺乳动物和鱼类造成毁灭性的破坏[178,179]。

水文情势（ecological regime）主要指水文周期过程和来水时间。未经改造的天然河流随着降雨的年内变化，形成了径流量丰枯周期变化规律。在雨季洪水过程陡峭形成洪峰，随后洪水消落，趋于平缓，逐渐进入枯水季节。在数以几十万年甚至数百万年的河流生态系统演变过程中，河流年内径流的水文过程是河流水生动植物的生长繁殖的基本条件之一。如同年内季节气温、降雨的周期变化一样，具有周期性的水文过程也是塑造特定的河流生态系统的必要条件，成为生物的生命节律信号。研究表明[180]，水文周期过程是众多植物、鱼类和无脊椎动物的生命活动的主要驱动力之一。河流建设大坝以后，水库按照社会经济效益原则和既定的调度方案实施调度。在汛期利用水库调蓄洪水、削减洪峰，控制下泄流量和水位，确保下游防洪安全。在非汛期调度运行中，利用水库调节当地水资源的年内分布的丰枯不均，无论是发电、供水还是灌溉等用途，都趋于使水文过程均一化，改变了自然水文情势的年内丰枯周期变化规律，这些变化无疑影响了生态过程。首先是大量水生生物依据洪水过程相应进行的繁殖、育肥、生长的规律受到破坏，失去了强烈的生命信号。

在澳大利亚，筑坝等引起的自然流程的变化是河流及洪泛平原生态系统恶化的一个重要因素。Angela H Arthington 认为自然流程是江河生态学中重要的"驱动者"[181]，并总结出自然流程的变化对生态的破坏主要表现在以下几个方面：大量的湿地损失；沼泽和森林鸟类数量和物种减少；许多水生动植物灭绝，鱼类生境被破坏；洄游迁移鱼类数量减少或者消失；水质被破坏，水华出现；外来物种入侵等。梯级水库则进一步促进河流生态系统的破碎化，影响鱼类等迁移，阻止陆地物种扩散和连续性，导致河流缓冲区域内物种多样性降低[182]。"要减轻大坝对生态的影响，起码在短期内，应努力集中于改变水库调度方式，使其对河流的影响降到最小程度"[183]。采取制定合理的水库调度规程的办法，可以弥补或减缓其造成的对生态环境的影响。

　　水库生态调度就是让水库承担其由于其修建导致的生态环境影响的责任,将生态环境保护没表引入到水库调度中来,丰富、发展和完善水库现有的功能。组成梯级水库群的各个水库,具有不同水文特性和调节性能。通过水库群的联合调度,发挥水库能灵活调洪水位、流量的特点,利用梯级水库群系统各水库水文和水库调节性能的差异,合理配置水资源在时间和空间上的分配,协调水库运行的社会、经济及生态效益要求,可有效减缓水利工程对河道及库区生态环境的负面影响,实现水库群调度生态效益。

　　因此,对已建成的水库群系统,如何改善水库调度,补偿或缓解下游河流生态和环境的负面影响,维持河流健康,是我国新时期构建人与河流和谐发展的重要组成内容。其中,实施以保护和改善环境及生态的调度模式研究得到了日益广泛的重视。

6.2　水利枢纽生态调度概述

6.2.1　生态环境需水量

　　河道环境需水量的研究始于20世纪40～70年代,由美国渔业与野生动物保护部门首先开展了河道需求流量的研究工作,直到20世纪80年代,开始强调河道需求流量问题。随后,欧洲、南部非洲和亚洲等国家对河道需求流量逐渐得到了重视。国外学者提出一些类似最小生态径流的概念,并给出了许多计算和评价方法[184,185]。这些方法主要分为3类,分别是非现场类型标准设定法(最小连续30d平均流量法、美国的7Q10法、Tennant法)、栖息地保持类型标准设定法(RZCROSS法、河道湿周法)和增量法(IFIM法)。

　　我国有关生态环境需水量的研究主要集中在陆地和河流两个方面。陆地生态需水主要指"保护和恢复内陆河流下游的天然植被及生态环境、水土保持及水保范围之外的林草植被建设"[186]所需水量;河流生态需水包括三个方面:河道基本生态、环境需水,输沙需水量和入海水量。目前,国内学者提出了一些最小生态径流计算方法,如环境功能设定法和水质目标约束法等[187-189]在水库生态环境需水量的研究方面，20世纪80年代，赵业安等总结了黄河三门峡水库运用对下游河道的影响规律，同时开展黄河上游大型水电工程对下游冲积河流影响的研究，采用实测资料分析的方法研究大型水库对径流泥沙的影响，对每年水库蓄水与中游高含沙洪水遭遇情况进行了深入研究，通过回归分析建立了水库调蓄水量与下游河道冲淤的相关关系[190,191]。近些年来，国内新建水库充分考虑大坝下游的最小环境需水量，使最小生态环境需水量理念在新建水库中得到了广泛的应用[192-198]。

6.2.2 水库生态调度

水库调度方式是指依据水库担负的社会经济任务而制定的蓄泄规则。现行的水库调度方式主要有两大类，即防洪调度和兴利调度[199]。我国的大多数水库都具有防洪、发电、供水、灌溉等综合功能，但每一座水库的具体功能又有所侧重。水库运行调度就是围绕工程的功能进行，协调防洪和兴利的矛盾，以及兴利任务之间的利益及存在的主要问题，充分体现了水资源利用的最大化和经济效益的最大化。而现行水库调度方式一大弊病，就在于注重发挥水库的社会经济功能，力求经济效益的最大化，忽视了水库下游及库区的生态系统需求。因此，坝下游的生态保护和库区水生态保护问题迫在眉睫。根据筑坝对河流生态系统的影响分析，需采取相应的对策措施来减缓这种影响，解决当前所面临的水生态问题，而水库的生态调度不失为有效的减缓措施[200]。

什么是"生态调度"？它究竟包括哪些方面的内容？目前国内外学术界对"生态调度"还没有给出明确的定义。大型水利工程的生态调度的核心内容是指在水利工程运行与管理过程中更多地考虑生态因素。在过去若干年里，对大型水库建设和运行中存在的环境问题，虽然也有过大量的研究和探索，但是对于生态调度的考虑是不充分的。随着社会经济的不断发展，人们对生态与环境问题的认识逐步提高，生态调度理念渐渐引起了水利科学工作者以及相关管理部门的重视[201]。

　　生态调度在国外也有一个被认识和被接纳的过程。最初的水库调度无一不是从直接的需求（如发电、灌溉、防洪等）出发，追求的是经济利益的最大化。但随着时间的推移，大型水利工程对河流生态系统的负面影响凸现之后，解决筑坝河流的生态受损问题得到了重视，水库多目标生态调度方案也应运而生。在以美国为代表的西方发达国家，实施水库调度时均考虑到众多因素的影响除了发电、防洪、灌溉、改善航运、提供生活用水以外，还包括下游堤岸保护、维持或增强溯河产卵的鱼类种群的寻址需求、生物栖息环境、水质保护、湿地改良、旅游休闲等因子。有些学者甚至将保护恢复鱼类与野生动物需求放在发电需求之先考虑。这足以说明，历史发展到现阶段，生态因子在制定水库调度规程中应该具有十分重要的地位，而不再是可有可无。水库调度不再是从前所认为的、简单的水库水位的升降问题，而是关系到全流域、尤其是坝下区域生态的重大事件。水库调度必须从河流系统整体出发，充分考虑河流生态环境需水量要求。在建有梯级水库的河流上，各水库之间要在统一规划的基础上，实行联合调度，共同承担河流系统的生态需水量的释放[202-205]。

　　翟丽妮[206]等研究认为，以生态补偿为重点的水库调度是指针对水库工程对水陆生态系统、生物群落的不利影响，并根据河流及湖泊水文特征变化的生物学作用，通过河流水文过程频率与时间的调整来减轻水库工程对生态系统的胁迫。董哲仁[207]认为，水库多目标生态调度方法是指在实现防洪、发电、供水、灌溉、航运等社会经济多种目标的前提下，兼顾河流生态系统需求的水库调度方法。

6.3　梯级枢纽群联合生态优化调度模型

6.3.1　调度目标

　　综合国内外研究现状，生态调度方法包括：河流生态需水量调度、模拟生态洪水调度、防治水污染调度、控制泥沙调度、生态因子调度、水系连通性调度等[208-209]。生态调度目标就是通过控制水库群各水库蓄、放水量和次序，满足其上下游河道生态因子（本文主要指鱼类）对水库放水流量、流速、流量和水位变率等水文要素的需求。

本书主要针对鱼类产卵期较大时间尺度（月为周期）的河道生态蓄水过程和小时间尺度的场次模拟生态洪水过程两种工况，建立梯级枢纽群联合生态优化调度模型，以追求枢纽群联合运行最佳生态效益。

以梯级水库群生态运行目标作为优化对象，目前在数学处理和模拟上尚有一定难度，另外，目前国内大多数水库的主要功能仍然是在满足防洪要求的基础上尽可能多发电[210]。因此，本文仍选择梯级水库群发电效益最大为优化目标，分充分考虑生态需求和不考虑生态需求两种情况进行模拟计算，将充分满足梯级水库群生态要求的调度结果与不考虑生态要求的调度结果进行比较，分析生态调度对水库群综合运用效益的影响。

6.3.2 数学模型

构建数学模型以水库群发电量最大作为调度目标，生态流量过程作为约束条件，在满足梯级电站防洪、航运等其他各种约束的条件下，求各水电站的流量过程，在满足梯级电站最大保证出力要求的条件下寻求发电量最大。

（1）目标函数

$$B^* = \max B \tag{1}$$

$$E^* = \max \sum_{j=0}^{T-1} \sum_{i=1}^{N} p_{ij} * \Delta t \tag{2}$$

式中：B 表示水电站群总保证出力；N 为水电站总数；p_{ij} 为 i 电站 j 时段出力；Δt 表示时段小时数。

（2）约束条件

① 水量平衡方程：

$$v_{i,j+1} = v_{i,j} + I_{i,j} + Q_{i-1,j} - Q_{i,j} \tag{3}$$

式中：$v_{i,j+1}$表示 i 水库 j 时段末水量；$I_{i,j}$表示区间入流；$Q_{i-1,j}$表示上游水库出库流量；$Q_{i,j}$为出库流量。

② 水位过程约束：

$$z_{ij} \leqslant z_{ij} \leqslant \bar{z}_{ij} \tag{4}$$

式中：z_{ij}表示 i 水库 j 时段末的水位，$\underline{z}_{ij}$和$\bar{z}_{ij}$分别为根据水库调度图确定的 i 水库 j 时段末的允许最低水位和最高水位。

③ 发电流量约束：

$$\underline{Q}_{ij} \leqslant Q_{ij} \leqslant \bar{Q}_{ij} \tag{5}$$

式中：Q_{ij}表示 i 水库 j 时段的发电流量，$\underline{Q}_{ij}$和$\bar{Q}_{ij}$分别为 i 水库 j 时段的最小发电流量和最大发电流量。

④ 电站出力限制：

$$\underline{p}_{ij} \leqslant p_{ij} \leqslant \bar{p}_{ij} \tag{6}$$

式中：p_{ij}表示 i 电站 j 时段的发电出力，$\underline{p}_{ij}$和$\bar{p}_{ij}$分别为 i 电站 j 时段的最小发电出力和最大发电出力。

⑤ 水电站出力特性限制：

$$p_{ij} \leqslant f_{ij}(h) \tag{7}$$

式中：$f_{ij}(h)$ 为 i 电站 j 时段由电站水轮机特性曲线求得的电站最大出力。

⑥ 系统总出力约束：

$$\sum_{i=1}^{N} p_{ij} = P_j \tag{8}$$

⑦ 生态约束[210]。生态流量过程约束分为两种情况：

a. 枯水年份河流生态需水过程：枯水年份要求控制水库下泄流量尽量满足适宜生态流量，遭遇特枯年份无法满足适宜生态流量的情况下，尽量满足最小生态流量。

b. 模拟人造洪水：要求水库的下泄流量过程能够跟踪生态洪水，形成鱼类所需的洪峰涨水要求，满足鱼类产卵繁殖的需要。

6.3.3　模型求解

水电站水库优化调度模型从形式上看是一多阶段决策过程，动态规划方法是 Bellman 于 20 世纪 50 年代提出的专门用于求解多阶段最优决策过程问题的。因而，从理论上说，水库优化调度问题最适于用动态规划（DP）方法求解[211]。

由于水库长系列优化计算，阶段数多，状态变量多，原始动态规划法的"维数灾"成为计算时无法克服的障碍，为克服"维数灾"这一障碍，国内外学者进行了广泛、深入的研究，提出了一些简化算法，这些算法都可起到减轻"维数灾"障碍的作用。在计算机上用动态规划求解问题的数值解时，必须将状态和决策变量离散化，而离散的精度直接关系到计算结果的精度和计算工作量。动态规划方法不需要初始解，所得解为在离散精度范围的最优解。

对很多实际问题，不难得到比较好的近似解。利用这些近似解的信息，可能大大减少动态规划所需的计算量。逐次优化算法（POA）由于能大大减少计算所占用的计算机内存空间，使其成为水库群长系列优化计算通常采用的方法[212]。

（1）POA 法[213,214]

POA（Progressive Optimization Algorithm）算法是 Howsan 和 Sancho 于 1975 年提出的，它是动态规划最优性原理的一个推论。后由 Turgeon 等人首先将其应用于水库优化计算。POA 算法将多阶段决策问题分解成若干子问题，子问题之间由系统状态联系。每个子问题仅考虑某个时段的状态及相邻两时段的子目标值，逐个时段进行寻优，直到收敛。

对确定来水条件下水电站优化调度数学模型，由于来水已知，N_t 只是初、末水位 Z_{t-1}，Z_t 的函数，效益 B 也可写成 Z_{t-1}，Z_t 的函数，模型可写成等价的形式

$$\max \sum_{t=1}^{n} B_t (Z_{t-1}, Z_t)$$

$$Z_t \in \Omega_t$$

(9)

对给定的初始状态序列 Z_0^0, Z_1^0, Z_2^0, …, Z_n^0, 固定 Z_j^0 ($j \leqslant t-1$, $j \geqslant t+1$) 则问题变成：

$$\max_{Z_t \in \Omega_t} B\ (Z_{t-1}^0,\ Z_t)\ +B\ (Z_t,\ Z_{t+1}^0) \tag{10}$$

依次令 $t=1$, …, $n-1$ 求解上述子问题, 得新的状态序列, Z_0^1, Z_1^1, Z_2^1, …, Z_n^1, 反复迭代, 直到收敛。

POA 法迭代示意过程如图 6.1 所示。

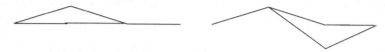

图 6.1　POA 法迭代示意图

Fig. 6.1　The schematic diagram of iteration in POA

子问题为一非线性约束优化问题, 可用一般非线性规划方法求解。

Howsan 在提出 POA 法时, 已证明了在一定条件下算法的收敛性。POA 算法对初始近似解有一定的要求, 初始近似解直接影响迭代计算次数和计算时间, 同时也影响计算结果的好坏, 当初始近似解比较接近最优解时, 可很快收敛到全局最优解；但当初始近似解离最优解较远时, 迭代次数和计算量较大, 且可能收敛不到全局最优解, 而只是收敛到局部最优解。但当模型是凸规划问题时, 初始解的好坏只影响迭代计算次数和计算时间, 不会影响最优解的计算结果, 即这时一定收敛到全局最优解。这也是用效益最大模型的一个优点。

由于 POA 法中没有递推方程, 每个子问题为一约束最优化问题, 所以状态变量不必离散化, 可根据具体情况灵活选用约束非线性规划方法直接搜索得到较精确的解。POA 法可处理效益函数不连续的问题, 还可以把上、下游的流达时间同时考虑进去。实践证明, 对确定性多状态, 多阶段问题, POA 法是一个较好的方法, 从根本上消灭了"维数灾"。

（2）初始可行解的求解方法

POA 法必需一条初始调度线, 初始调度线的好坏对 POA 的迭代次数有一定的影响。初始调度线可采用等出力法或等流量法而求得，等流量法的计算一般比等出力法简单。计算每年汛期和供水期的平均流量，以平均流量运行，即可得水位过程线 Z_i^0（$i=0$，…，n），出力过程 N_i^0（$i=0$，…，n）等。

由于采用效益最大模型，初始解只影响计算时间，不影响计算结果的全局最优性，同时长系列确定径流过程的最优计算不是经常要计算的，所以我们采用了一个最简单的规则，来确定初始水位和出力过程，即给定时段初水位 Z_{t-1}^0 时，时段末水位决策就等于 Z_{t-1}^0，如果存在弃水，则将弃水尽量存入水库，如果出力小于保证出力，则降低末水位，使时段出力尽量等于保证出力，除非已经降到了死水位而不能再降，从而得 Z_t^0。依次逐时段进行，直到计算完所有时段。

这种方法得到的初始解在汛期，水位一般较低，水量可得到较充分的利用，而在非汛期，一般只发电保证出力水位较高。

应用 POA 法进行长系列确定性的优化计算过程，如图 6.2 框图所示。

6.4 赣江中游鱼类目标种特征生命史的水环境需求

不同的鱼类对水环境需求是不同的，同时相同的鱼类在不同的生命史阶段对水环境需求也是不同的。因此在进行基于鱼类需求的生态优化调度时应准确包围目标种及其生命史过程的水环境需求。

赣江中游是天然渔业的主要产区，鱼类资源丰富。鱼类特点是经济鱼种类较多，占总数的 80% 以上。评价区内常见的重要经济鱼类有：银鲴、花鱼骨、鲤、鲫、鳊、鳡鱼、乌鳢、青鱼、草鱼、赤眼鳟、鲇、鳜、鲢、鳙等。其中草食性鱼类，如草鱼、鳊，赤眼鳟和以底栖无脊椎动物为食的鲤、青鱼、鲇、银鲴，及凶猛性鱼类鲌、鳜等为优势种群。赣江 20 世纪 80 年代前曾有过达氏鲟（*Acipenser dabrga-*

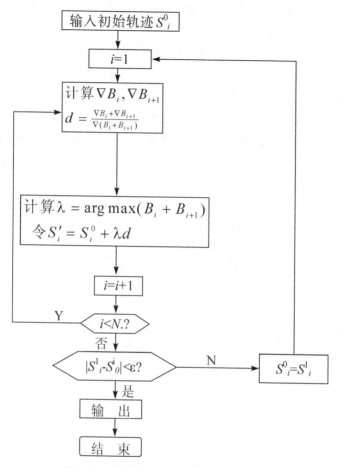

图 6.2　长系列确定 POA 优化计算流程图

Fig. 6.2　The flow chart of long series ascertain POA Optimization calculation

nus)、白鲟(*Psephurus gladius*)和胭脂鱼(*Myxocyprinus asiaticus*)的记载,近年已很少见到。也曾有洄游经济鱼类如鳗鲡(*Anquila ma japonica*)、刀鲚(*Coilia ectenes*)的记载,近年来,根据渔民反映及渔政部门的监测,这些洄游性鱼类都没有了踪迹。

因此目标种应确定在常见的经济鱼类中选择,根据现有资料分析,四大家鱼为赣江中游最主要的经济鱼类,同时其产卵场、越冬场和索饵场等资料比较全面，有利于明确调度目标。因此，本研究以四大家鱼作为目标种。

一般认为，鱼类产卵场的保护是保护其资源量的根本。因此在本研究中主要考虑目标种产卵期间的水环境需求。结合现有四大家鱼产卵场特征，将其水环境需求总结如下。

（1）水温需求：水温 26℃~30℃，向阳，光照充分。由于水温主要受季节和地理位置影响，因此水温需求隐含时间需求。在赣江中游段，水温在 26℃~30℃ 期间一般发生在 4 月~6 月。石虎塘、峡江、万安坝址 4、5、6 月年平均水温见表 6.5。

表 6.5　石虎塘、峡江、万安坝址 4、5、6 月年平均水温

Tab. 6.5　The annual average temperature of the water among

three dam site from April to June

坝址	4 月年平均水温℃	5 月年平均水温℃	6 月年平均水温℃
峡江	19.5	23.5	26
石虎塘	19	23.5	25.5
万安	20	22.6	25.2

（2）流态需求：一边水急，一边水缓，无大漩涡及反水，但有泡漩水，上、下游有支流河汊。

（3）底质需求：底质为沙及石砾。

（4）河道需求：河面宽阔（400 m 左右），比上、下游宽 2~3 倍。河道宽度与流量和两岸地形有关。

（5）流速需求：流速 1.4 m/s。

（6）流量需求：流量与流速（V）和河面宽度（B）即河道地形，水深（H）有关。流量计算公式：

$$Q = \alpha \ (V \times B \times H) \tag{11}$$

因此河道需求，流速需求，水深需求最终归并为流量过程需求。表 6.6 给出了峡江、石虎滩、万安坝址 4、5、6 月多年平均流量，可作为产卵场流量相关综合需求。

表6.6　石虎滩、峡江、万安坝址4、5、6月多年平均流量

Tab. 6.6　The annual average flow among three dam site from April to June

坝址	4月多年平均流量 m³/s	5月多年平均流量 m³/s	6月多年平均流量 m³/s	统计年数
峡江	2 737	3 270	3 840	56
石虎滩	1 841	2 176	2 623	53
万安	1 542	2 925	2 850	53

（7）水势需求：水势需求即为流量的时间分布需求，其体现在水位或者流量过程线形状上。根据长江四大家鱼调查结果显示大多数亲鱼在涨水过程中产卵，涨水规模大，产卵也增大。水位涨率应为1 m/12h~3 m/12h。

6.5　赣江中游梯级水利枢纽生态优化调度结果及分析

根据《江西省赣江流域规划报告》，赣江干流规划中，赣州以下河段规划有万安、泰和、石虎塘、峡江、永太、龙头山6个梯级工程。目前，除万安水电站建成运行，石虎塘航电水利枢纽、峡江水利枢纽正在建设之中外，其他几个由于淹没损失影响较大，涉及移民等多方原因一时难以实施。所以本研究只以万安水利枢纽、石虎塘航电水利枢纽、峡江水利枢纽这三个梯级水利枢纽工程作为算例进行水库生态优化调度分析。三大水利枢纽工程基本情况以及调度运行方案分别在本书第3、4、5章中有较详细介绍，本章不再缀述。三水库典型年份流量过程见图6.3~图6.5。

通过6.3节构建的梯级枢纽群生态联合优化调度模型，以月为时段，针对赣江中游枢纽群1957年4年至2006年4年共49年径流过程，进行了考虑与不考虑生态需求两种情况下的梯级枢纽群联合优化调度模拟计算，考虑鱼类枯水期生态蓄水流量不低于600 m³/s，并满足相应流速变化率的要求，求得梯级各水库的水位、流量和出力等过

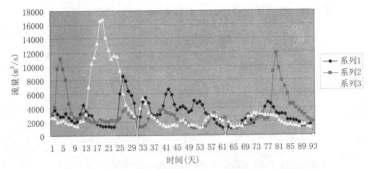

图 6.3　峡江枢纽坝址 4、5、6 月典型流量过程曲线

Fig. 6. 3　The typical flow process curve of Xiajiang dam site from April to June

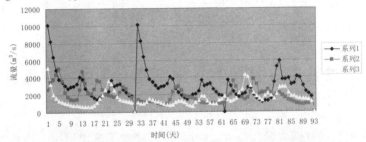

图 6.4　石虎塘枢纽坝址 4、5、6 月典型流量过程曲线

Fig. 6. 4　The typical flow process curve of Shihutang dam site from April to June

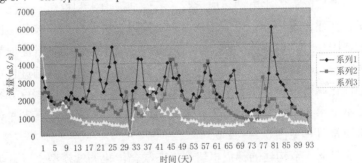

图 6.5　万安枢纽坝址 4、5、6 月典型流量过程曲线

Fig. 6. 5　The typical flow process curve of Wanan dam site from April to June

程，以及三水库及系统总多年平均发电量。

三水库多年平均发电量统计见表 6.7。

表 6.7　梯级枢纽多年平均发电量

Tab. 6.7　The annual average energy generation of three

hydro – junction unit：$10^4 kW \cdot h$

方案	万安	石虎塘	峡江	梯级系统总体
不考虑生态需求	5 172. 5 069	1 793. 0 458	4 232. 2 501	11 197. 8 028
梯级生态调度	4 979. 2 231	1 800. 0 676	4 233. 3 733	11 012. 6 640

从统计结果可以看出，采用考虑生态的梯级水库群联合优化调度模式，有效改善了枯水期和枯水年份河道生态需水过程，但对梯级水库群系统状态有较明显的影响。从表 6.7 可以看出，考虑生态调度后，系统总体发电量减少约 185 万 kW · h，其中上游万安水库减少最多，受到的影响最大，这与梯级水库群的运行规律是一致的。处于上游的水库，在满足其他约束条件下，其尽量以较大流量下泄，将在下游梯级电站增发电能，增加总体发电量。

从图 6.6、图 6.7 也可以看出，考虑生态需水，万安水库尤其在枯水年份的运行受到显著影响，为满足河道生态需水及同时优化发电调度的需要，万安水库水位较不考虑生态需水下降明显，全年维持较低水位水平。

图中横坐标 120～131 表示枯水代表年 1967 年 4 月份到 1968 年 3 月份；252～263 表示平水代表年 1978 年 4 月份到 1979 年 3 月份。

6.6　本章小结

根据河流生态需水量建立了水利枢纽群生态优化调度模型，采用了 POA 算法，对赣江中游万安、石虎塘、峡江三大水利枢纽群进行了模拟应用研究，就生态目标的加入对水库原有功能产生的影响进行了分析。模拟调度结果表明，考虑生态因素后对水库经济效益即发电量的总体影响不大，建议在石虎塘航电枢纽及峡江水利枢纽运行后，与上游万安水利枢纽共同进行考虑生态适宜需水量的联合调度，以缓解工程建设对河流水生生物尤其是鱼类的影响。

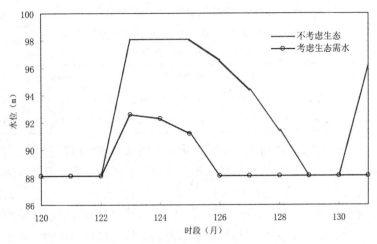

图 6.6（1） 枯水年万安水库运行情况

Fig. 6.6（1） The operation condition of Wanan reservoir in the low flow year

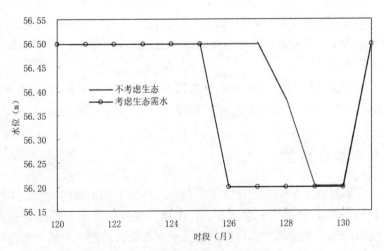

图 6.6（2） 枯水年石虎塘水库运行情况

Fig. 6.6（2） The operation condition of Shihutang reservoir in thelow flow year

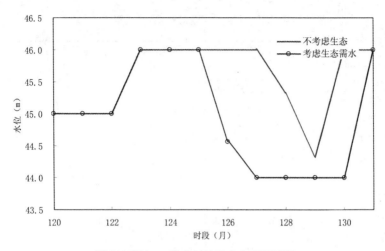

图 6.6（3）　枯水年峡江水库运行情况

Fig. 6. 6 （3）　The operation condition of Xiajiang reservoir in the low flow year

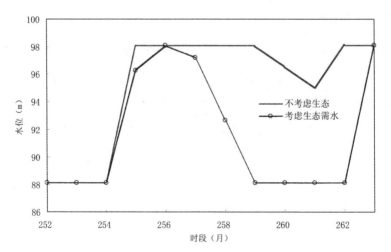

图 6.7（1）　平水年万安水库运行情况

Fig. 6. 7 （1）　The operation condition of Wanan reservoir in the normal flow year

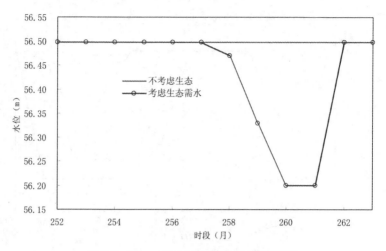

图 6.7（2） 平水年石虎塘水库运行情况

Fig. 6.7（2） The operation condition of Shihutang reservoir in the normal flow year

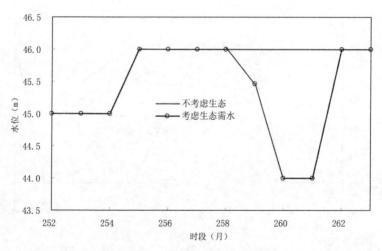

图 6.7（3） 平水年峡江水库运行情况

Fig. 6.7（3） The operation condition of Xiajiang reservoir in the normal flow year

目前赣江中下游由于万安大坝、过度捕捞等原因，渔业资源面临严重的衰退问题。一些个体较大、性成熟时间长、食料范围较窄的鱼类，如鳡、鳤、青鱼、鲥等资源量显著下降。一直以来作为优势种的四大家鱼中，除草鱼还有一定数量外，青鱼、鲢和鳙基本很难捕捞到。一些珍稀名贵鱼类，如中华鲟、鲫、鲸等近 20 多年来未见踪迹。石虎塘、峡江枢纽建成后，随着坝下游的水量减少，水位降低，浮游生物量减少，泰和（澄江）、沿溪产卵场位置和规模将发生变化，邓家索饵场将消失[215,216]。

因此，对于赣江流域存在的生态问题，采用本研究成果将在保证水库经济效益最大化的同时减缓工程对河流生态系统的影响，有利于保护以四大家鱼为主的赣江流域鱼类资源。若要更好地满足水生生物对水环境需求，有待于三个水利工程都运行后，对各个要素作更进一步地分析和研究，并将这些要素的要求切实地融入到水库的调度运用中，做到经济和生态的统一与协调发展。

附表 I

万安水利枢纽建设前后赣江鱼类种类名录

Fish species of Gan River before and after building the project in Wanan

鱼类名称	建坝前 (1982—1983 年)	建坝后 (2008—2010 年)		
		坝上	坝下	
		赣州段	泰和段	峡江段
一、鲟形目 ACIPENSERIFORMES				
（一）鲟科 Acipenseridae				
1. 中华鲟 *Acipenser sinensis*（Gray）	+			
二、鲱形目 CLUPEIFORMES				
（二）鲱科 Cluoeidae				
2. 鲥 *Macrura reevesi*（Richardson）	+			
（三）鳀科 Engraulidae				
3. 刀鲚 *Coilia ectenes*（Jordan et Seale）	+			
4. 短颌鲚 *C. brachygnathus*（Krey. Et Pap.）	+	+		+
三、鲑形目 SALMONIFORMES				
（四）银鱼科 Salangidae				
5. 大银鱼 *Protosaianx hyalocranius*（Abbott）	+			
6. 短吻间银鱼 *Hemisalanx brachyostralis*（Fang）	+			
四、鳗鲡目 ANGUILLIFORMES				
（五）鳗鲡科 Anguillidae				
7. 鳗鲡 *Anguilla japonica*（Temm. Et Schl.）	+	+		+

续附表 I

鱼类名称	建坝前 （1982— 1983 年）	建坝后 （2008—2010 年）		
		坝上	坝下	
		赣州段	泰和段	峡江段
五、鲤形目 CYPRINIFORMES				
（六）鲤科 Cyprinidae				
1）鱼丹亚科 Danioninae				
8. 马口鱼 *Opsariichthys bidens*（Günther）	+	+	+¯	+
9. 宽鳍鱲 *Zacco platypus*（Temminck et Schlegel）	+	+	+	+
2）雅罗鱼亚科 Leuciscinae				
10. 中华细鲫 *Aphyocypris chinensis*（Günther）	+			
11. 青鱼 *Mylopharyngodon piceus*（Richardson）	+	+	+	+
12. 鯮 *Luciobramamacrocephalus*（Lacepede）	+			
13. 草鱼 *Ctenopharyngodon idellus*（Cuvier et Valenciennes）	+	+	+	+
14. 洛氏鱼岁 *Phoxinus lagowskii*（Dybowski）	+			
15. 赤眼鳟 *Squaliobarbus curriculus*（Richardson）	+	+	+	+
16. 鳡 *Ochetobius longates*（Kner）	+	+		+
17. 鳡 *Elopichthys bambusa*（Richardson）	+	+	+	+
3）鲌亚科 Cultrinae				
18. 银飘鱼 *Pseudolaubuca sinensis*（Bleeker）	+	+	+	+
19. 寡鳞银飘鱼 *P. engraulis*（Nichols）	+			
20. 大眼华鳊 *Sinibramamacrops*（Günther）	+	+	+	+
21. 南方拟餐 *Pseudohemiculter dispar*（Peters）	+			

续附表 I

鱼类名称	建坝前 (1982— 1983 年)	建坝后 (2008—2010 年)		
		坝上	坝下	
		赣州段	泰和段	峡江段
22. 似鳊 *Toxabramis swinhonis*（Günther）	+			
23. 䱗 *Hemiculter leucisculus*（Basilewsky）	+	+	+	+
24. 油䱗(贝氏䱗) *H. bleekeri bleekeri* （Warpacho wsky）	+	+		
25. 半䱗 *Hemiculterella sauvagei* （Warpachowsky）		+		+
26. 红鳍鲌 *Cultrichthys erythropterus* （Basilewsky）	+	+	+	+
27. 青梢红鲌 *Erythroculter dabryi dabryi* （Bleeker）	+			+
28. 翘嘴鲌 *E. ilishaeformis*（Basilewsky）	+	+	+	+
29. 蒙古红鲌 *E. mongolicus*（Basilewsky）	+	+	+	+
30. 尖头红鲌 *E. oxycephalus*（Bleeker）	+			
31. 拟尖头红鲌 *E. oxycephaloides* （Krey. Et Popp.）	+			
32. 达氏鲌 *Culter dabryi*		+	+	+
33. 鳊 *Parabramis pekinensis*（Basilewsky）	+	+	+	+
34. 鲂 *Megalobrama skolkovii*（Dybowsky）	+			
35. 团头鲂 *M. amblycephala*（Yih）	+	+		+
4）鲷亚科 Xcnocyprinae				
36. 银鲴 *Xenocypris argentea*（Günther）	+	+	+	+
37. 黄尾鲴 *X. davidi*（Bleeker）	+	+		+
38. 细鳞斜颌鲴 *X. microlepis*（Bleeker）	+	+	+	+

续附表 I

鱼类名称	建坝前 (1982— 1983 年)	建坝后 (2008—2010 年)		
		坝上	坝下	
		赣州段	泰和段	峡江段
39. 圆吻鲴 *Distoechodon tumirostris*（Peters）	+	+	+	+
40. 似鳊 *Pseudobrama simony*（Bleeker）	+	+	+	+
5）鳑鲏亚科 Achcilognathinae				
41. 高体鳑鲏 *Rhodeus ocellatus*（Kner）	+	+		+
42. 采石鳑鲏 *R. lighti*（Wu）	+			
43. 大鳍鱊 *Acheilongnathusmacropterus* （Bleeker）	+			
44. 越南鱊 *A. tonkinensis*（Vaillant）	+	+	+	+
45. 兴凯鱊 *A. chankaensis*（Dybowsky）	+			
46. 寡鳞鱊 *A. hypselonotus*（Bleeker）	+		+	+
47. 斑条鱊 *A. taenisnalis*（Günther）	+			
48. 无须鱊 *A. gracilis*（Nichols）	+	+		+
49. 白河鱊 *A. peihoensis*（Fowler）	+			
50. 革条副鱊 *Paracheilognathus himantagus* （Günther）	+	+	+	+
6）鲃亚科 Barbinae				
51. 刺鲃 *Spinibarbus hollandi*（Oshina）	+			
52. 中华倒刺鲃 *S. sinensis*（Bleeker）	+	+		
53. 光唇鱼 *Acrossocheilus fasciatus*（Steind.）	+			
54. 侧条光唇鱼 *A. parallens*		+		+
55. 白甲鱼 *Varicorhinus simus* （Sauvage et Dabry）	+			

续附表 1

鱼类名称	建坝前（1982—1983 年）	建坝后（2008—2010 年）		
		坝上	坝下	
		赣州段	泰和段	峡江段
56. 泉水鱼 Semilabeo prochilus（Sauvage et Dabry）	+			
7）鮈亚科 Gobioninae				
57. 短须颌须鮈 Gnathopogon imberbis		+		
58. 花鱼骨 Hemibarbusmaculates（Bleeker）	+	+	+	+
59. 唇鱼骨 H. labeo（Pallas）	+	+		+
60. 华鳈 Sarcocheilichthys sinensis（Bleeker）	+	+	+	+
61. 黑鳍鳈 S. nigripinnis（Günther）	+	+	+	+
62. 江西鳈 S. kiansiensis		+		+
63. 小鳈 S. parvus		+		+
64. 麦穗鱼 Pseudorasbora parva（Temminck et Schlegel）	+	+	+	+
65. 银鮈 Squalidus argentatus（Sauvage et Dabry）	+	+	+	+
66. 点纹银鮈 S. wolterstorffi（Regan）	+			
67. 铜鱼 Coreius heterodon（Bleeker）	+			
68. 吻鮈 Rhinogobio typus（Bleeker）	+	+	+	+
69. 圆筒吻鮈 R. cylindricus（Günther）	+			
70. 长鳍吻鮈 R. ventralis（Sauvage et Dabry）	+			
71. 棒花鱼 Abbottina rivularis（Basilewsky）	+	+	+	+
72. 钝吻棒花鱼 A. obtusirostris（Wu et wang）	+			
73. 蛇鮈 Saurogobio dabryi（Bleeker）	+	+	+	+

续附表 I

鱼类名称	建坝前 (1982— 1983 年)	建坝后 (2008—2010 年)		
		坝上	坝下	
		赣州段	泰和段	峡江段
74. 长蛇鮈 *S. dumerili* (Bleeker)	+			
75. 光唇蛇鮈 *S. gymnxcheilus* (Lo,Yao et Chen)	+			
8)野鲮亚科 Labeoninae				
76. 东方墨头鱼 *Garra orientalis* (Nichols)	+	+	+	+
9)鲤亚科 Cyprininae				
77. 鲤 *Cyprinus carpio* (Linnaeus)	+	+	+	+
78. 鲫 *C. auratus* (Linnaeus)	+	+	+	+
10)鳅鮀亚科 Gobiobotinae				
79. 南方长须鳅鮀 *Gobiobotis longibarbameridionalsi* (Chen et Tsao)	+			
80. 宜昌鳅鮀 *G. ichangensis* (Fang)	+	+	+	+
11)鲢亚科				
81. 鳙 *Aristichthys nobilis* (Richardson)	+	+	+	+
82. 鲢 *Hypophthalmichthysmolitrix* (C. et v.)	+	+	+	+
(七)鳅科 Cobitidae				
83. 花斑副沙鳅 *Parabotia fasciata* (Dabry)	+	+	+	+
84. 长薄鳅 *Leptobotia elongate* (Bleeker)	+			
85. 紫薄鳅 *L. taeniops* (Sauvage)	+	+		+
86. 中华花鳅 *Cobitis sinensis* (Sauvage)	+	+		+
87. 大斑花鳅 *C. macrostimga* (Dabry)	+			
88. 泥鳅 *Misgurnus anguillicaudatus* (Cantor)	+	+		+

续附表 I

鱼类名称	建坝前 (1982— 1983年)	建坝后 (2008—2010年)		
		坝上	坝下	
		赣州段	泰和段	峡江段
89. 大鳞副泥鳅 *Paramisgurnus dabryanus* (Sauvage)	+			
90. 长鳍原条鳅 *Protonemacheilus longipectoralis*		+		
（八）平鳍鳅科 *Homalopteridae*				
91. 平舟原缨口鳅 *Vanmanenia pingchowensis*		+		
92. 信宜原缨口鳅 *V. xinyiensis*		+		
93. 斑纹缨口鳅 *Crossostoma stigmata*		+		
六、鲇形目 SILURIFORMES				
（九）鲇科 Siluridae				
94. 鲇 *Silurus asotus*（Linnaeus）	+	+	+	+
95. 大口鲇 *S. meridionalis*（Chen）	+			
（十）胡鲇科 Clariidae				
96. 胡鲇 *Clarias batrachus*（Linnaeus）	+			
97. 胡子鲇 *C. fuscus*（Lacepede）		+		+
（十一）鲿科 Bagridae				
98. 黄颡鱼 *Pelteobagrus fulvidraco* （Richardson）	+	+	+	+
99. 长须黄颡鱼 *P. eupogon*（Boulenger）	+			
100. 瓦氏黄颡鱼 *P. vachelli*（Richardson）	+			
101. 光泽黄颡鱼 *P. nitidus* （Sauvage et Dabry）	+	+	+	+
102. 长吻鮠 *Leiocassis longirostris*（Günther）	+			

续附表 I

鱼类名称	建坝前 (1982— 1983 年)	建坝后 (2008—2010 年)		
		坝上	坝下	
		赣州段	泰和段	峡江段
103. 粗吻鮈 *L. crassilabris* (Günther)	+	+	+	+
104. 条纹拟鲿 *Pseudobagrus taeniatus* (Günther)	+			
105. 圆尾拟鲿 *P. tenuis* (Günther)	+	+	+	+
106. 乌苏拟鲿 *P. ussuriensis* (Dybowski)	+			
107. 细体拟鲿 *P. pratti* (Günther)	+			
108. 大鳍鳠 *Mystusmacropterus* (Bleeker)	+	+	+	+
(十二) 钝头鮠科 Amblycipitidae				
109. 黑尾鱼央 *Liobagrus nigricauda* (Bleeker)	+			
(十三) 鮡科 Sisoridae				
110. 中华纹胸鮡 *Glyptohorax sinense* (Regan)	+			
111. 福建纹胸鮡 *G. fukiensis* (Rendahl)		+		+
七、鳉形目 CYPRNODONTIFORMES				
(十四) 青鳉科 Oryziatidae				
112. 青鳉 *Oryzias latipes* (Temm. et Schl.)	+			
八、颌针鱼目 BELONIFORMES				
(十五) 鱵科 Hemiramphidae				
113. 九州鱵 *Hemiramphus hurumeus* (Jordan et Starks)	+			
九、合鳃鱼目 SYNBRANCHIFORMES				
(十六) 合鳃科 Synbranchidae				
114. 黄鳝 *Monopterus albus* (Zuiew)	+	+		+

续附表Ⅰ

鱼类名称	建坝前（1982—1983 年）	建坝后（2008—2010 年）		
		坝上	坝下	
		赣州段	泰和段	峡江段
十、鲈形目 PERCIFORMES				
（十七）鮨科 Serranidae				
115. 长身鳜 *Coreosiniperca roulei*（Wu）	+	+	+	+
116. 鳜 *Siniperca chuatsi*（Basilewsky）	+	+	+	+
117. 大眼鳜 *S. Kneri*（Garman）	+	+	+	+
118. 斑鳜 *S. Scherzeri*（Steindachner）	+	+	+	+
119. 暗鳜 *S. Obscura*（Nichols）	+			
120. 波纹鳜 *S. Sundulata*（Fang et Chong）	+			
（十八）塘鳢科 Eleotridae				
121. 沙塘鳢 *Odontobutis obscurus*（Temm. et Schl.）	+	+		+
122. 黄鲋鱼 *Hypseleotris swinhonis*（Günther）	+			
（十九）鰕虎鱼科 Gobiidae				
123. 普栉鰕虎鱼 *Ctenogobius giurinus*（Rutter）	+	+		+
124. 波氏鰕虎鱼 *C. Cliffordpopei*（Nichols）	+			
125. 波氏吻鰕虎鱼 *Rhinogobius cliffordpopei*		+		
126. 子陵吻鰕虎鱼 *R. giurinus*		+		
（二十）斗鱼科 Belontiidae				
127. 圆尾斗鱼 *Macropodus chinensis*（Bloch）	+			
128. 叉尾斗鱼 *M. Opercularis*（Linnaeus）	+	+		+
（二十一）鳢科 Channidae				

续附表 I

鱼类名称	建坝前 (1982— 1983 年)	建坝后 (2008—2010 年)		
		坝上	坝下	
		赣州段	泰和段	峡江段
129. 乌鳢 *Channa argus* (Cantor)	+	+	+	+
130. 月鳢 *C. Asiatica* (Linnaeus)	+	+		
(二十二) 刺鳅科 Mastacembelidae				
131. 刺鳅 *Mastacembelus aculeatus* (Basilewsky)	+	+		+
十一、鲀形目 TETRAODONTIFORMES				
(二十三) 鲀科 Tetraodontidae				
132. 弓斑东方鲀 *Fugu oceliatus* (Linnaeus)	+			
十二、颌针鱼目 BELONIFORMES				
(二十四) 针鱼科 Hemirhamphidae				
133. 间下鱵 *Hemirhamphus intermedius*		+		+
合　计	118	79	48	71
	118	80		

附表 II　赣江渔民调查问卷

A：渔业问题

1. 您是一位职业渔民吗？（捕鱼是您一年中的主要工作吗？）

2. 您多大年纪了？

3. 您已经捕鱼多少年了？

4. 目前您使用什么渔具？（列出所有的提到渔具，请在前打"√"）

    A.　流刺网　　　　　　　　　　　　B.　毫网

    C.　封网　　　　　　　　　　　　　D.　丝网

    E.　围网　　　　　　　　　　　　　F.　虾笼

    G.　拖网　　　　　　　　　　　　　H.　蟹网

    I.　三层网　　　　　　　　　　　　J.　滚钩

如以上几种都没有，请描述其他涉及的渔具：＿＿＿＿＿＿＿＿

a. 如果渔民使用与以上任何一种不同的刺网和拖网，请列出其以下几方面的尺寸。

    i.　网目（眼）大小：

    ii.　网的长度：

    iii.　网的宽度或者深度：

5. 您一直使用这些类型的网具吗？　　　　　　　　　　　是/否

    a.　什么时候？什么原因使您更换了渔具？

6. 在您住的村子里，最常用的渔具是什么？

7. 您过去曾用过滚钩吗？　　　　　　　　　　　　　　　是/否

    a.　您什么时候停止使用滚钩的？

8. 在这一江段还有人在使用滚钩吗？　　　　　　　　　　是/否

    a.　有多少人还在使用？

9. 您曾经丢失或者更换过您的渔具吗？　　　　　　　　是/否
　　a. 如果是，多久更换一次
10. 您在赣江里曾见到过被遗弃的渔具吗？　　　　　　　是/否
　　如果是：
　　a. 何种渔具？
　　b. 在去年看到过多少次？
11. 附近存在电打渔的问题吗？　　　　　　　　　　　　是/否
　　a. 您知道在这一江段有多少渔民在使用电打渔？
　　b. 多少年前这一江段开始出现电打渔？
12. 您捕何种鱼？请注意鱼类的名称有很大的地方性，务必调查清楚。

凤尾鱼	银鱼
鲤	餐条鱼
鲫鱼	鳜鱼
草鱼	鳗鲡
青鱼	鲇
鳙	黄颡鱼
鲢	鮰鱼
鲂鱼	武昌鱼

如果还有其他种类，请描述：＿＿＿＿＿＿＿＿＿＿＿＿＿
13. 您曾经看到过或者捕到过鲥鱼吗？　　　　　　　　是/否
　　a. 您最后一次看到这种鱼是什么时候？
14. 捕鱼的时候每天您在江面上呆多少个小时？＿＿＿＿
15. 您一周有多少天在江面上捕鱼？＿＿＿＿
16. 您在白天或者晚上的什么时候出去捕鱼？
17. 您的渔具每一周在水里多长时间？（小时或者天数）
18. 在禁渔期您做什么工作？
19. 在禁渔期之外，一年的不同时期您捕鱼的次数是否有所不同？
　　　　　　　　　　　　　　　　　　　　　　是/否

a. 什么时候捕鱼次数最多？

b. 什么时候捕鱼次数最少？

20. 您在江里的哪个位置捕鱼？

主航道（中间）　　　　　经常　　　有时候　　　很少

主航道（靠近岸边）　　　经常　　　有时候　　　很少

沙洲后面/江心洲后面　　　经常　　　有时候　　　很少

支流　　　　　　　　　　经常　　　有时候　　　很少

21. 您捕鱼的上下游区间是哪里？＿＿＿＿＿＿＿＿（上限地点—下限地点）

22. 您一直在这一范围内捕鱼吗？　　　　　　　　　　是/否

a. 如果不是，您过去在哪里捕鱼？＿＿＿＿＿＿＿＿

23. 和过去相比，您注意到有什么变化吗？

a. 捕获的数量：

比以前多　　　　和以前一样　　　多比以前少

b. 某些特殊种类的鱼的减少＿＿＿＿＿＿＿＿＿

c. 江面上渔船的数量

比以前多　　　　和以前一样多　　　比以前少

24. 您希望您孩子将来也做渔民吗？您认为做渔民对于下一代来说是个好的工作吗？　　　　　　　　　　是/否

其他的评论：＿＿＿＿＿＿＿＿＿＿＿＿

B：关于鲥鱼的问题

50. 您知道什么是鲥鱼吗？　　　　　　　　　　是/否

51. 您曾经捕到过鲥鱼吗？　　　　　　　　　　是/否

如果是：

a. 您曾捕到过多少条鲥鱼？

b. 您最后一次捕到鲥鱼是什么时候？

c. 您最后一次是在什么地方捕到鲥鱼的？

d. 当时您使用的是什么渔具？在赣江中的什么位置？

52. 如果没有，您是怎么知道鲥鱼的？

53. 您还知道别的什么人曾见到或捕到过鲥鱼吗？　　　　　是/否

　　如果是：请描述一下当时的情景（时间，地点等）＿＿＿＿＿＿＿＿

　　＿＿＿＿＿＿＿＿＿＿

54. 您是否可以推荐一下别的什么人更了解鲥鱼的呢？

55. 您是否曾经听说过造成鲥鱼死亡的其他方式吗？（如搁浅，船舶

　　撞击）　　　　　　　　　　　　　　　　　是/否

　　如果是，请描述一下：＿＿＿＿＿＿＿＿＿＿

　　其他评论：＿＿＿＿＿＿＿＿＿＿＿＿＿

参考文献

[1] 贾金生. 世界水电开发情况及对我国水电发展的认识 [J]. 中国水利, 2004, (13): 10~12.

[2] 李仁凤, 王占全. 大坝工程与生态环境 [J]. 黑龙江水利科技, 2008, 36 (6): 146~148.

[3] 孙继昌. 中国的水库大坝安全管理 [J]. 中国水利 2008 (20): 10~14.

[4] 李凤楼, 王亚杰, 王立民. 浅谈水利工程措施的生态环境危害 [J]. 地下水, 2007, 29 (2): 128~129.

[5] 常剑波, 陈永柏, 高勇, 等. 水利水电工程对鱼类的影响及减缓对策 [A]. 中国水利学会 2008 学术年会论文集 (上册) [C]. 海口: 中国水利水电出版社, 2008, 10.

[6] 李友辉, 孔琼菊. 柘林水利枢纽对社会、经济、环境的影响分析 [J]. 水电站设计, 2006, 22 (3): 78~82.

[7] 邹淑珍, 吴志强, 胡茂林, 等. 浅谈水利枢纽对河流生态系统的影响 [J]. 安徽农业科学, 2010, 38 (22): 11923~11925.

[8] 佩茨 GE. 主编, 王兆印, 曾庆华, 吕秀贞, 等译. 蓄水河流对环境的影响 [M]. 北京: 中国环境科学出版社, 1988.

[9] Carmen Rvenga et al. Pilot analysis of global ecosystems: Fresh water systems [M]. Washlngton D. C: World Resources Institute, 2000.

[10] 裴勇, 沈平伟. 渭河水资源开发利用存在的问题及管理对策 [J]. 人民黄河, 2006, 28 (6): 77~79.

[11] 田进, 杨西林, 吴巍. 径河东庄水库对渭河下游的影响分析 [J]. 西北水力发电, 2005, 21 (2): 43~45.

[12] 曹永强, 倪广恒, 胡和平. 水利水电工程建设对生态环境的影响分析 [J]. 人民黄河, 2005, 27 (1): 56~58.

[13] 姜翠玲, 严以新. 水利工程对长江河口生态环境的影响 [J]. 长江流域资

源与环境，2003，12（6）：547～551.

[14] Christer N，Magnus S. Augusbasic Principles andecological consequences of changing water regimes：riparian Plant communities [J]. Environmental Management，2002，30（4）：468～480.

[15] Nehring RB. Evaluation of Instream Flow Methods and Determination of Water Quantity Needs for Streams in the State of Colorado [R]. Fort Collins，CO，Division of wildlife，1 979，144.

[16] Stalnaker C，Lamb BL，Henriksen J. The Instream Flow Incremental Methodology：a Primer for IFIM [R]. National Biological Serviee，US DePartment of the Interior，Biological，1995.

[17] Bunn SE. Reeent Approaches to Assessing and Providing Environmental Flows：Concluding Comments [R]. Proceedings of AWWA Forum，1998，123～129.

[18] 马颖. 长江生态系统对大型水利工程的水文水力学响应研究 [D]. 南京：河海大学，2007.

[19] 操文颖，王瑞琳. 清江水布垭水利枢纽生态环境影响分析 [J]. 人民长江，2007，（7）：133～134.

[20] 葛晓霞，赵俊，朱远生. 乐昌峡水利枢纽建设与鱼类保护 [J]. 人民珠江，2009，（3）：29～32.

[21] 刘乐和，吴国犀，王志玲，等. 葛洲坝水利枢纽工程对坝下江段胭脂鱼性腺发育及自然繁殖的影响 [J]. 水产学报，1992，（4）：346～356.

[22] 刘乐和，吴国犀，曹维孝，等. 葛洲坝水利枢纽兴建后对青、草、鲢、鳙繁殖生态效应的研究 [J]. 水生生物学报，1986，（4）：353～364.

[23] 秦卫华，刘鲁君，徐网谷，等. 小南海水利工程对长江上游珍稀特有鱼类自然保护区生态影响预测 [J]. 生态与农村环境学报，2008，（4）：23～26.

[24] Pett G. E. Longterm consequences of upstream impoundment [J]. Environmental Conservation. 1980，（4）：325～332.

[25] BerkamP，G.，McCartney，M.，Dugan，p. *et al.* 2000. Dams，ecosystem functions and environmental restoration，Thematic Review 11. 1PrePared as an input to the World Commission on Dams，CaPe Town [OL]. www. dams. org.

[26] 马广慧. 黄河流域水资源开发利用对水文循环及生态环境的影响研究 [D]. 河海大学硕士论文，2007.

[27] 栾建国，陈文祥. 河流生态系统的典型特征和服务功能 [J]. 人民长江，

2004，35（9）：41~43.

[28] 陈竹青. 长江中下游生态径流过程的分析计算 [D]. 河海大学硕士论文，2005.

[29] 周小愿. 水工程对水生生物资源影响综述与对策建议 [J]. 西北水电，2009（4）：3~6.

[30] Wantzen K M, Rothhaupt K O, Mörtl M, et al. Ecological effects of water level fluctuations in lakes: an urgent issue. Hydrobiologia, 2008, 61 (3): 1~4.

[31] Leira M, Cantonati M. Effects of water – level fluctuations on lakes: an annotated bibliography. Hydrobiologia, 2008, 6 (13): 171~184.

[32] 王东胜，谭红武. 人类活动对河流生态系统的影响 [J]. 科学技术与工程，2004，4（4）：299~302.

[33] 邱成德，曾礼生. 赣江上游水利工程对水文测站影响分析 [J]. 江西水利科技，2007，（1）：38~42.

[34] F. B. 沃洛巴耶夫，A. B. 阿瓦克扬主编，李砚阁、程玉慧等译，杨景辉等校. 水库及其环境影响 [M]. 北京：中国环境科学出版社，1994.

[35] 蔡玉鹏. 大型水利工程对长江中下游关键生态功能区影响研究 [D]. 硕士学位论文，2007.

[36] 杨琼. 水利工程对水体生态系统的影响 [J]. 西藏科技，2007，27（5）：30~33.

[37] 刘兰芬. 河流水电开发的环境效益及主要环境问题研究 [J]. 水利学报，2002. 121~128.

[38] Jackson, P. B. N. and Davies, B. R. 1976. Cabora River in its First year: Some Ecological Aspects and Comparisons. Rhodesian Science News. Vol. 10 (5): 128~133.

[39] Shiel, R. J. 1978. Zooplankton Communities of the Murray – Darling System, in Proceedings of the Royal Society of Victoria. Vol90: 193~202.

[40] 朱江译，贾志云校. 淡水生物多样性危机 [J]. 世界自然保护联盟通讯（IUCU），1999，（4）：3~4.

[41] 贾敬德. 长江渔业生态环境变化的影响因素 [J]. 中国水产科学，1996，6（2）：112~114.

[42] 杨宏. 流域水电梯级开发累积环境影响评价研究 [D]. 兰州大学硕士论

文, 2007.

[43] Whittaker R H. Evolution andmeasurement of species diversity. Taxon, 1972, 21: 213~251.

[44] Magurran A E. Ecological diversity and itsmeasurement. New Jersey: Princeton University Press, 1988.

[45] Peet R K. Themeasurement of species diversity. Ann. Rey. Ecol. System, 1974, 5: 285~307.

[46] 范红社. 浅谈水利工程建设对生物多样性的影响 [J]. 山西水利, 2007 (1): 113~114.

[47] Simpson E H. Measurement of diversity. Nature, 1949, 163, 688.

[48] Pielou E C. Ecological diversity. John Wiley and Sons Inc, 1975.

[49] 蒋红, 谢嗣光, 赵文谦等. 二滩水电站水库形成后鱼类种类组成的演变 [J]. 水生生物学报, 2007, 31 (4): 532~539.

[50] Travnichek, V. H. Zale, A. V. &Fisher, W. L. Entrainment of ichthyoPlankton by a warmwater hydroelectric facility [J]. Transactionsof the Ameriean Fisheries Soeiety, 1993, 122: 709~716.

[51] Webb C R H, Schmidt J C. Dams and rivers : a primer on theDownstream effects of dams [J]. US Geological Survey Circular, 1996: 11~26.

[52] Sandra Postel Brian Richter. 河流生命—为人类和自然管理用水 [M]. 武会先, 王万战, 宋学东译. 郑州: 黄河水利出版社, 2005.

[53] CarothersW, BryanT. Brown. The Colorado River Through Grand Canyon [M]. Natural Historyand Human Charge, Tueson: Universityof Arizona Press, 1991.

[54] Penaz, M., Juradja, P. Roux, A. L. &Olivier, J. M0 fish assemblages In a sector of the Rhone River influenced by the Bregnier—Cordonhydroelectric scheme [J]. Regulated rivers: Research and Management., 1995, 10: 363~37.

[55] 中国科学院三峡工程生态与环境科研项目领导小组. 长江三峡工程对生态与环境的影响及对策研究 [M]. 北京: 科学出版社, 1998.

[56] 黄真理, 李玉木黔等. 三峡水库水质预测和环境容量计算 [M]. 北京: 中国水利水电出版社, 2006.

[57] 钱正英, 张光斗. 中国可持续发展水资源战略研究综合报告及各专题报告 [M]. 北京: 中国水利水电出版社, 2001.

[58] 石田. 略论三峡水利工程对生态环境的影响 [J]. 武汉交通干部管理学院

学报，1994，3，34～37.

[59] 马小凡，郭晓泽，王菊，等．水坝工程建设与生态保护的利弊关系分析 [J]．地理科学，2005，25（5）：621～625.

[60] 姜加虎，黄群．三峡工程对四湖地区水情影响研究 [J]．海洋湖沼通报，1996，3，19～25.

[61] 戴仕宝，杨世伦，赵华云，等．三峡水库蓄水运用初期长江中下游河道冲淤响应 [J]．泥沙研究，2005，5，35～39.

[62] 王海云．三峡水利工程建设对三峡地区环境影响与控制对策 [J]．环境保护，1998，2，42～43.

[63] 苏爱军，陈蜀俊，童广勤．三峡工程库区主要环境地质问题及处置对策 [J]．长江科学院院报，2008，25（1）：53～57.

[64] 陈立，吴门伍，张俊勇．三峡工程蓄水运用对长江口径流来沙的影响 [J]．长江流域资源与环境，2003，12（1）：50～54.

[65] 陈国阶．三峡库区生态与环境问题 [J]．科技导报，199，（2）：49～52.

[66] 张信宝，文安邦．长江上游干流和支流河流泥沙近期变化及其原因 [J]．水利学报，2002，（4）：56～59.

[67] 殷鸿福，陈国金，李长安，等．长江中游的泥沙淤积问题 [J]．中国科学 D 辑（地球科学），2004，34（3）：195～209.

[68] 王崇浩，韩其为．三峡水库建成后荆南三口洪道及洞庭湖淤积概算 [J]．水利水电技术，1997，28（11）：16～20.

[69] 秦文凯，府仁寿，王崇浩，等．三峡建坝前后洞庭湖的淤积 [J]．清华大学学报（自然科学版），1998，38（1）：84～87.

[70] 刘昭伟．三峡水库岸边水域水环境特性及承载能力研究 [D]．清华大学博士学位论文，2005.

[71] 汤宏波，刘国祥，胡征宇．三峡库区高岚河甲藻水华的初步研究 [J]．水生生物学报，2006，30（1）：47～51.

[72] 周广杰，况琪军，刘国祥，等．三峡库区藻类水华调查及其毒理学研究 [J]．水生生物学报，2006，30（1）：37～41.

[73] 蔡庆华，胡征宇．三峡水库富营养化问题与对策研究 [J]．水生生物学报，2006，30（1）：7～11.

[74] 况琪军，毕永红，周广杰，等．三峡水库蓄水前后浮游植物调查及水环境

初步分析 ［J］．水生生物学报，2005，29（4）：353～358.

［75］ 曹明，蔡庆华，刘瑞秋，等．三峡水库初期蓄水前后理化因子的比较研究［J］．水生生物学报，2006，30（1）：12～19.

［76］ 曹明，蔡庆华，刘瑞秋，等．三峡水库及香溪河库湾理化特征的比较研究［J］．水生生物学报，2006，30（1）：20～25.

［77］ 柯福恩，危起伟，罗俊德，等．三峡工程对长江渔业资源的影响与补救措施［J］．淡水渔业，1994，24（1）：6～9.

［78］ 曹文宣．三峡工程对长江鱼类资源影响的初步评价及资源增殖途径的研究［A］．长江三峡工程对生态与环境及其对策研究论文集［C］．北京：科学出版社，1987.

［79］ 张杰等．三峡工程对四大家鱼典型产卵场环境影响分析［J］．人民长江，2010（3）：56～58.

［80］ 蒋固政，张先锋，常剑波．长江防洪工程对珍稀水生动物和鱼类的影响［J］．人民长江，2001，32（7）：39～42.

［81］ 肖建红．水坝对河流生态系统服务功能影响及其评价研究［D］．河海大学，2007.

［82］ 王儒述．三峡工程的环境影响及其对策［J］．长江流域资源与环境，2002，11（4）：317～322.

［83］ 贾敬德．淡水渔业环境现状及保护对策［J］．淡水渔业水，2004，34（5）：59～61.

［84］ 班璇，李大美．大型水利工程对中华鲟生态水文学特征的影响［J］．武汉大学学报（工学版），2007，40（3）：10～13.

［85］ 曹文宣．水利工程与鱼类资源的利用保护［J］．水库渔业，1983（1）：10～21.

［86］ 王波．三峡工程对库区生态环境影响的综合评价［D］．北京林业大学博士学位论文，2009.

［87］ 江西省水文局．江西水系［M］．长江出版社，2007.

［88］ 江西省水利厅．江西省水利志［M］．中国水利水电出版社，2005，8.

［89］ 程宗锦．赣江探源［M］．南昌：江西科学技术出版社，2003：8～9.

［90］ 张建铭．赣江峡江段四大家鱼资源及其遗传多样性研究［D］．南昌大学硕士论文，2010.

[91] 谭晦如，吕桦．鄱阳湖流域的构成—赣江流域［OL］．江西省山江湖办，http：//ziliaoku. jxwmw. cn/system/2008/11/12/010 079359. shtml，2008 - 11 -12.

[92] 龚向民，李昆，万淑燕，等．人类活动与赣江流域泥沙变化规律研究［J］．江西水利科技，2006，32（1）：24～27.

[93] 李昆，谭振江，周家丽，等．人类活动对赣江流域水环境的影响探讨［J］．水资源研究，2007，（3）：9～11.

[94] 戴熙畴．赣江主要支流梯级开发规划初论［J］．江西水利科技，1987，（3）：57～65.

[95] 杨荣清，胡立平，史良云．江西河流概述［J］．江西水利科技，2003，29（1）：27～30.

[96] 杨荣清，胡立平，史良云．赣江流域水文特性分析［J］．水资源研究，2003，24（1）：35～38.

[97] 吴速英，许洪胤，钟洪，等．赣江流域水资源承载能力初步分析［J］．中国资源综合利用，2009，（2）：28～30.

[98] 田见龙．万安大坝截流前赣江鱼类调查及渔业利用意见［J］．淡水渔业，1989，1：33～39.

[99] 郭治之，刘瑞兰．江西鱼类的研究［J］．南昌大学学报（理科版），1995，19（3）：222～232.

[100] 郭治之．鄱阳湖鱼类调查报告［J］．江西大学学报（自然科学版），1963，（2）：121～130.

[101] 张本．鄱阳湖渔业发展战略的研究［J］．湖泊渔业，1986，（3）：3～7.

[102] 李钟杰．长江流域湖泊的渔业资源与环境保护［J］．北京：科学出版社，2005.

[103] Liang Liang Huang（黄亮亮），Zhi Qiang Wu（吴志强），Jian Hua Li（李建华）. Fish fauna，biogeography and conservation of freshwater fish in Poyang Lake Basin，China. Environ Biol Fish 2011，12（4）：396～410.

[104] 胡茂林，吴志强，周辉明，等．鄱阳湖南矶山自然保护区渔业特点及资源现状［J］．长江流域资源与环境，2005，14（5）：561～565.

[105] 峡江县统计局．峡江统计年鉴［M］．2008.

[106] 蒋以洁．江西鱼类区系初步分析［J］．江西水产科技，1985，（1）：1～16.

[107] 胡茂林. 鄱阳湖湖口水位、水环境特征分析及其对鱼类群落与洄游的影响 [D]. 南昌大学，2009.

[108] 朱海虹，张本. 鄱阳湖 [M]. 合肥：中国科学技术大学出版社，1997.

[109] 王尚玉，廖文根，陈大庆，等. 长江中游四大家鱼产卵场的生态水文特性分析 [J]. 长江流域资源与环境，2008，17（6）：892～897.

[110] 李种，廖文根，陈大庆，等. 基于水力学模型的三峡库区四大家鱼产卵场推求 [J]. 水利学报，2007，38（11）：1285～1289.

[111] 黄悦，范北林. 三峡工程对中下游四大家鱼产卵环境的影响 [J]. 人民长江，2008，39（19）：38～41.

[112] 长江水系渔业资源调查协作组. 长江水系渔业资源 [M]. 北京：海洋出版社，1990.

[113] 李修峰，黄道明，谢文星，等. 汉江中游江段四大家鱼产卵场现状的初步研究 [J]. 动物学杂志，2006，41（2）：76～80.

[114] 李修峰，黄道明，谢文星，等. 汉江中游江段四大家鱼产卵场调查 [J]. 江苏农业科学，2006，（2）：145～147.

[115] 李种，彭静，廖文根. 长江中游四大家鱼发江生态水文因子分析及生态水文目标确定 [J]. 中国水利水电科学研究院学报，2006，4（3）：170～176.

[116] 崔奕波，李钟杰. 长江流域湖泊的渔业资源与环境保护 [M]. 北京：科学出版社，2005.

[117] 张堂林，李钟杰. 鄱阳湖鱼类资源及渔业利用 [J]. 湖泊科学，2007，19（4）：434～444.

[118] 钱新娥，黄春根，王亚民，等. 鄱阳湖渔业资源现状及其环境监测 [J]. 水生生物学报，2002，26（6）：612～617.

[119] 刘乐和，吴国犀，等. 赣江鲥鱼产卵场调查 [J]. 淡水渔业，1979，（1）：6～10.

[120] 刘绍平，陈大庆等. 中国鲥鱼资源现状与保护对策 [J]. 水生生物学报，2002（6）：679～684.

[121] 张建铭，吴志强，胡茂林，等. 赣江中游峡江段鱼类资源现状 [J]. 江西科学，2009，27（6）：916～919.

[122] 刘彬彬，吴志强，胡茂林，等. 赣江中游四大家鱼产卵场现状调查与分析 [J]. 2009，27（5）：662～679.

[123] 花麒，吴志强，胡茂林. 抚河中游四大家鱼资源现状 [J]. 江西水产科技，2009，(4)：12~14.

[124] 孟少魁. 大坝对生态环境的影响及其对策 [J]. 中国三峡建设，2008，(3)：70~71.

[125] 董哲仁，孙东亚，赵进勇，等. 水库多目标生态调度 [J]. 水利水电技术，2007，38 (1)：28~32.

[126] 涂长庚. 万安水电站概况及其在电网中的作用 [J]. 华中电力，1990，(6)：29~32.

[127] 郑雄波. 万安水电厂主汛期水库优化调度江西电力 [J]. 2005，29 (2)：48~50.

[128] 陈林灿，余济贤. 万安水利枢纽概况及运行实践 [J]. 人民长江，1996，27 (11)：1~3.

[129] 姜华，彭寿永. 万安水利枢纽的社会、经济、环境影响综合评价研究 [J]. 水电站设计，2006，22 (4)：44~47.

[130] 刘臣，张华庆，万建国. 赣江万安水利枢纽回水变动区二维水沙模型的建立与研究 [J]. 水动力学研究与进展，2002，17 (1)：84~91.

[131] 黄养仁，黄扬一. 万安水库工程地质分析 [J]. 人民长江，1996，27 (11)：41~43.

[132] 金腊华，石秀清. 万安水库对赣江中游水质的影响分析 [J]. 江西水利科技，1995，21 (3)：159~161.

[133] 中国科学院中国动物志编辑委员会. 中国动物志硬骨鱼纲、鲤形目（上卷）[M]. 北京：科学出版社，1995.

[134] 中国科学院中国动物志编辑委员会. 中国动物志硬骨鱼纲、鲤形目（中卷）[M]. 北京：科学出版社，1998.

[135] 中国科学院中国动物志编辑委员会. 中国动物志硬骨鱼纲、鲤形目（下卷）[M]. 北京：科学出版社，2000.

[136] 张春光. 鱼类物种多样性研究方法 [A]. 见：宋延龄等主编. 物种多样性研究与保护 [M]. 杭州：浙江科学技术出版社，1998，98~110.

[137] 朱松泉. 中国淡水鱼类系统检索 [M]. 南京：江苏科学技术出版社，1995.

[138] 李思忠. 中国淡水鱼类的区划 [M]. 北京：科学出版社，1981：175~261.

［139］胡海霞，傅罗平，向孙军. 湖南宏门冲溪鱼类多样性研究初报［J］. 四川动物，2003，22（4）：226～229.

［140］朱日财. 赣江赣州江段四大家鱼生物学特性及其遗传多样性研究［D］. 南昌大学硕士论文，2010.

［141］陈永柏，等. 四大家鱼产卵水文水动力特征研究综述［J］. 水生态学杂志，（2）：131～2133.

［142］姜作发，夏重志，董崇智，等. 蛤蟆通水库水位变化对浮游植物初级生产力及能量转化效率的影响［J］. 中国水产科学，2001，8（4）：23～26.

［143］Emiliani M O G. Effeets of water level fluctuations On Phytoplanktonina river - floodplain lake system（Parana River，Argentina）. Hydrobiologia. 1997 357：1～15.

［144］黄玉瑶. 内陆水域污染生物学—原理与应用［M］. 北京：科学出版社，2001.

［145］Northcote T G. Fish in the structure and function of freshwater ecosystems：a top - down view. Canadian Journal of Fisheries and Aquatic，1988，361～379.

［146］Sutela T，Vehanen T. Effects of water - level regulation on the nearshore fish community in boreal lakes. Hydrobiologia，2008，613：13～20.

［147］刘恩生，刘正文，陈伟民，等. 太湖鱼类产量、组成的变动规律及与环境的相互关系［J］. 湖泊科学，2005，17（3）：251～256.

［148］刘恩生，刘正文，鲍传和. 太湖鲫数量变化的规律及与水环境间关系的分析［J］. 湖泊科学，2007，19（3）：340～345.

［149］朱成德. 太湖银鱼产量与水位关系的数理统计分析［J］. 淡水渔业，1982，（4）：40～42.

［150］熊邦喜，刘金星，张青. 水库不同指标体系的生态因子与鱼产量的回归模型［J］. 华中农大学学报，1993，12（2）：279～284.

［151］严小梅，胡绍坤，施须坤. 太湖银鱼资源变动关联因子及资源测报方法探讨［J］. 水产学，1996，20（4）：307～313.

［152］黎道丰，蔡庆华. 不同盐碱度水体的鱼类区系结构及主要经济鱼类生长的比较［J］. 水生物学报，2000，24（5）：493～501.

［153］Femandez O A，Murphy KJ，Cazorla AL，etal. lnterrelationships of fish and channel environmental conditions with aquaticmacroPhytes in an Arentina irrigation system. Hydrobiologia, 1998, 380: 15~25.

[154] Richardson DL. Correlates of environmental variables with Patterns in the distribution and abundance of two anemonefishes (pomacentridae: AmphiPrion) on an ea stern Australian sub—tropical reef system. Environmental Biology of Fiehes, 1999, 55: 255~263.

[155] FeyrerF, Healey M P Fish community structure and enviromental correlates in the highly altered southern Sacramenio—San Joaquin Delta. Environmental Biology of Fiehes, 2003, 66: 123~132.

[156] Garcia A M, Raseira M B, vieira J P, et al. SpatiotemPoral variation in shallow—water fresh water fish distribution and abundance in a large subtropical coastal lagoon. Environmental Biology of Fiehes, 2003, 68: 215~228.

[157] Koel T M, Peterka J J. Stream fish conununities and environmenltal eorrelatesin the Red River of the North, Minnesota and North Dakota. Environmental Biology of Fiehes, 2003, 67: 137~155.

[158] Gerhad P, Moraes R, Molander s. Stream fish communities and their associations to habitat variables in a rain forest reserve in southeastern Brazil. Environmental Biology of Fiehes, 2004, 71: 321~340.

[159] Maes J, Damme S V, Meire P, et al. Statisticalmodeling of seasonal and environmental influences on the PoPulation dynamics of an estuarine fish community. Marine Biology, 2004, 145: 1033~1042.

[160] Costa M J, Vasconcelos R, Costa J L, et al. River flow influence on the fish community of the Tagus estuary (Portugal). Hydrobiologia. 2007, 587: 113~123.

[161] Leitao R, Martinho F, CostalJLetal. The fish assemblagoftheMondegoestuary: composition, structure and trends over the Past two decades. Hydrobiologia. 2007, 587: 269~279.

[162] 胡美琴, 林锡芝. 万安大坝截流前赣江的浮游植物 [J]. 淡水渔业, 1988, 3: 39 ~42.

[163] 陈彦良, 吴志强, 胡茂林, 等. 赣江中游冬季浮游生物的调查分析 [J]. 南昌大学学报 (理科版), 2009, 33 (3): 285~289.

[164] 严利平, 胡芬, 凌建忠, 等. 东海北部和黄海南部小黄鱼年龄与生长的研究 [J]. 中国海洋大学学报, 2006, 36 (1): 95~100.

[165] 长江四大家鱼产卵场调查队．葛洲坝水利枢纽工程截流后长江四大家鱼产卵场调查 [J] 水产学报，1982，6 (4)：288～304.

[166] 詹寿根，李峰．石虎塘航电枢纽工程洪水调度运行方式探讨 [J]．人民长江，2008，39 (8)：7～9.

[167] 易伯鲁，余志堂，梁秩燊等．葛洲坝水利枢纽与长江四大家鱼 [M]．武汉：湖北科学技术出版社，1988.

[168] 胡茂林，吴志强，刘引兰．赣江中游泰和江段的鱼类资源现状 [J]．南昌大学学报（理科版），2010，34 (1)：90～93.

[169] 詹寿根，汤志贤．峡江水利枢纽洪水调度运行方式探讨 [J]．人民长江，2010，41 (3)：19～22.

[170] 张建铭，吴志强，胡茂林．赣江峡江段四大家鱼资源现状的研究 [J]．水生态学杂志，2010，3 (1)：34～37.

[171] 楚凯锋，薛联芳，戴向荣，等．水电工程下泄水体气体过饱和影响及对策措施探讨 [A]．2008中国水力发电论文集 [C]．北京：中国电力出版社．

[172] 江河，汪留全，管远，等．长江鲴鱼资源调查及濒危原因分析 [J]．水生态学杂志 [J]．2009，2 (4)：140～142.

[173] 唐文乔，刘焕章．江西万安水利枢纽对赣江鲴繁殖的影响及对策 [J]．水利渔业，1993，65 (4)：18～19.

[174] 凌明亮，张霞，冯毅，等．鲴鱼养殖技术及其资源保护对策 [J]．水利渔业，2004，24 (4)：34～35.

[175] 刘广根．峡江鲴鱼及其资源衰退的原因分析与对策 [J]．江西农业科技，2002，(5)：40～41.

[176] 张士杰，刘昌明，王红瑞等．水库水温研究现状及发展趋势 [J]．2011，47 (3)：316～320.

[177] 王煜，戴会超．大型水库水温分层影响及防治措施 [J]．三峡大学学报（自然科学版），2009，31 (6)：11～15.

[178] 程根伟，麻泽，范继辉．龙西南江河梯级水电开发对河流水环境的影响及对策 [J]．中国科学院院刊，2004，19 (6)：433～437.

[179] 陈秀铜．改进低温下泄水不利影响的水库生态调度方法及影响研究 [D]．武汉大学博士论文，2010.

[180] TerryDProwse, Fred J Wrona, Geoff Power. Dams, reservoirs and flow regulation. http://www.nwri.ca/threats2full/top2003-10-29.

[181] Nilsson C, Berggren K. Alterations of riparianecosystems caused by river regulation [J]. Bioscience, 2000, 59 (9): 78.

[182] Angela H Arthington. Environmental flow: ecol ~ ogical importance, methods and lessons from Au ~ stralia. Paper presented at Mekong Dialogue Wo ~ rkshop "International transfer of river basin dev ~ elopment experience: Australia and Mekong Region", 2 September 2002.

[183] Johnson Brett M, Saito Laurel, Anderson Mark A, et al. Effects of climate and dam operations on reservoir thermal structure. Journal of Water Re ~ sources Planning and Management, 2004, (2): 112~122.

[184] 倪晋仁，崔树彬，李天宏，等. 论河流生态环境需水 [J]. 水利学报，2002，(9): 14~19, 26.

[185] 王西琴，刘昌明，杨志峰. 生态及环境需水量研究进展与前瞻 [J]. 水科学进展，2002，13 (4): 507~512.

[186] 刘凌，董增川，崔广柏，等. 内陆河流生态环境需水量定量研究 [J]. 湖泊科学，2002，14 (1): 25~30.

[187] 杨志峰，崔保山，刘静岭，等. 生态环境需水量理论、方法与实践 [M]. 北京：科学出版社，2003.

[188] 王西琴，刘昌明，杨志峰. 河道最小环境需水量确定方法及其应用研究 (I) —理论 [J]. 环境科学学报，2001，21 (5): 544~547.

[189] 王西琴，刘昌明，杨志峰. 河道最小环境需水量确定方法及其应用研究 (II) —应用 [J]. 环境科学学报，2001，21 (5): 548~552.

[190] 朱晓原，张学成. 黄河水资源变化研究 [M]. 郑州：黄河水利出版社，1999.

[191] 常炳炎，薛松贵，张会言. 黄河流域水资源合理分配和优化调度 [M]. 郑州：黄河水利出版社，1998.

[192] 黄小雪，姜跃，蒋红，等. 流域梯级开发中河道生态环境需水量研究 [J]. 水力发电学报，2007，26 (3): 110~114.

[193] 林明，韩晓君，吴春山. 青龙山水库坝下生态环境需水量分析 [J]. 黑龙江水利科技，2007，35 (1): 71~73.

[194] 杨勇，陈伟法. 玉溪水电站大坝下游最小流量的推求 [J]. 浙江水利水电专科学校学报，2004，16（3）：3~5.

[195] 黄振英，陈俊贤. 大隆水库下游最小生态流量设计 [J]. 珠江现代建设，2006，(5)：19~22.

[196] 周孝德，郭谨珑，程文. 水环境容量计算方法研究 [J]. 西安理工大学学报，1995，15（3）：1~6.

[197] 赵淑梅，郑西来，李玲玲，等. 青岛小珠山水库水环境容量研究 [J]. 中国海洋大学学报，2006，36（6）：971~974.

[198] 魏红义. 水工程建设对区域水环境的影响 [D]. 西北农林科技大学硕士论文，2008.

[199] 赵悦，张鹏，张承斌，等. 刍议大中型水库的生态调度 [J]. 今日科苑，2009，13：118.

[200] 陈庆伟，刘兰芬，刘昌明. 筑坝对河流生态系统的影响及水库生态调度研究 [J]. 北京师范大学学报（自然科学版）2007，43（5）：578~582.

[201] 吕新华. 大型水利工程的生态调度 [J]. 科技进步与对策，2006，7：129~131.

[202] 史艳华. 基于河流健康的水库调度方式研究 [D]. 南京水利科学研究院硕士论文，2008.

[203] 潘明祥. 三峡水库生态调度目标研究 [D]. 东华大学硕士论文，2010.

[204] 毛浩臣. 大型水利工程的生态调度探讨 [J]. China's Foreign Trade，2011.

[205] 余文公. 三峡水库生态径流调度措施与方案研究 [D]. 河海大学硕士论文 2007.

[206] 翟丽妮等. 水库生态与环境调度研究综述 [J]. 人民长江，2007，38（8）：56~58.

[207] 董哲仁. 水库多目标生态调度 [J]. 水利水电技术，2007，38（1）：28~32.

[208] Ciaran Harman, Michael Stewardson. Optimizing dam release rules tomeet environmental flow targets [J]. River Research and Applications，2005，21：113~129.

[209] 禹雪中，杨志峰，廖文根. 水利工程生态与环境调度初步研究 [J]. 水利水电技术，2005，33（11）：20~22.

[210] 康玲，黄云燕，杨正祥，等. 水库生态调度模型及其应用 [J]. 水利学报，2010，41（2）：134～141.

[211] Bellman R R. Dynamic Programming [M]. Princeton University Press, Princeton, N. J, 1957：1～200.

[212] H. R. Howson. A new Algorithm for the Solution of Multi－state Dynamic Programming Problems [J]. Math Programming, 1975, 8（1）：104～116.

[213] 黄云燕. 水库生态调度方法研究 [D]. 华中科技大学硕士论. 2008.

[214] 左吉昌. 水库优化调度函数研究 [D]. 华中科技大学硕士论文. 2007，2010.

[215] 邹淑珍，吴志强，胡茂林，等. 赣江石虎塘航电枢纽工程对鱼类的影响 [J]. 桂林理工大学学报，2010，30（2）：267～271.

[216] 邹淑珍，吴志强，胡茂林，等. 峡江水利枢纽对赣江中游鱼类资源影响的预测分析 [J]. 南昌大学学报（理科版），2010，34（3）：289～293.

后 记

　　水利工程建设在发挥具大效益的同时也引发了诸多的河流生态环境问题，发达国家特别注重生态与环境影响等方面的研究，我国现也开始重视水利工程与环境的关系研究。赣江作为长江八大支流之一，是鄱阳湖水系第一大河流，水资源丰富，水能蕴藏量大，目前正在加大水能开发利用程度。赣江上已有万安水坝，目前在建石虎塘、峡江两座水利枢纽；鄱阳湖也正在论证新建生态控湖大坝。这些水利设施对水生生态系统和生物多样性究竟会带来怎样的影响？如何做到赣江清洁能源的开发与水生生物保护的双赢？这些正是本书研究的内容。

　　本书写作分工如下：陶表红撰写第一、二章；邹淑珍撰写第三、四、五章；吴志强撰写第六章。全书最后由邹淑珍审阅。

　　本书得到了桂林理工大学副校长吴志强教授的精心指导；论文调研和资料收集过程中，得到了南昌市科技局副局长胡向萍教授、江西省科学院鄱阳湖研究中心副主任戴年华研究员、江西省水利厅科技与对外合作处副处长陈启兴高级工程师、江西省渔政管理局副局长张金保高级工程师、江西省防汛办李霖工程师等相关专家的帮助。在此对他们提供的帮助表示诚挚的感谢！

　　论文写作过程中，得到了南京水利科学研究院博士杨宇、张铭；南昌大学博士胡茂林，还有硕士肖英平、邓梦颖、张建铭、刘彬彬、朱日才、花麒等的支持和帮助。在此一并致谢！

　　由于水平有限，再加上时间仓促，书中定有许多疏漏和不足之处，恳请读者和专家们批评指正。

　　最后，谨向所有关心和帮助本书完成出版的各界人士、同行及专家致以崇高的敬意和真挚的谢意！

邹淑珍

2014 年 9 月